湛庐

CHEERS

与最聪明的人共同进化

HERE COMES EVERYBODY

寻找斯宾诺莎

Looking for Spinoza

[葡] 安东尼奥·达马西奥 著
Antonio Damasio

周仁来 周士琛 等 译

中国纺织出版社有限公司

ANTONIO

DAMASIO

解码人类情绪脑
开启感官新时代

安东尼奥 · 达马西奥

01 掀起情绪革命浪潮的神经科学家

安东尼奥·达马西奥是公认的神经科学思想领袖，他是美国南加州大学神经科学、心理学和哲学教授，也是美国艺术与科学学院、美国国家医学院、欧洲科学与艺术学院院士。

长期以来，人们普遍认为情绪会扰乱一个人的推理和决策：古代的哲学家大都认为情绪是理性思考的杂音，是一种多余的心理能力；早期经典决策理论的假定也与之相似，认为人们所做出的决策是完全理性的；20世纪认知科学的兴起更是让科学家们把注意力放在了认知模型和推理过程上。

然而，既是临床医生又是神经科学家的达马西奥通过研究得出了截然不同的结论，他认为人类的理性决策离不开对身体情绪状态的感受。这一论断简单却有力，从根本上颠覆了支配西方几百年的身心二元论。

他在首部著作《笛卡尔的错误》中对此做了详细讨论。由于书名较为尖锐，达马西奥原本只是希望可以安静地陈述观点，只要不被人轰下台就好。但意想不到的是，这本书受到了众多读者的支持和欢迎，已被翻译成20多种语言，畅销全球30多个国家。达马西奥带来的情感革命浪潮，也使得心理学、神经科学、经济学、哲学、社会学、管理学、政治科学等众多学科的关注点发生了转变。

02 解密科学史上最经典案例的模范夫妻档

达马西奥的妻子汉娜·达马西奥也是一位杰出的神经科学家，她在脑成像和损伤分析领域建树颇丰。两人携手走过了50多年的科研之路，堪称科研界的模范夫妻档，他们曾经模拟出了神经科学史上最有名的病人之一盖奇的受伤场景。

当年，25岁的盖奇在美国佛蒙特州铁路工地工作时发生意外，一根铁棍从他的颧骨下方刺入，又扎穿了他的眉骨，穿透头颅，但他却在严重的脑损伤后奇迹般地存活了13年。更为引人注目的是，盖奇在经历了脑损伤以后，脾气秉性和为人处世的风格都发生了巨大的转变，与从前判若两人。这让盖奇成

了科学界研究的热点。

　　达马西奥夫妇为了完成有关情绪工作的整套理论，对盖奇和其他几位额叶缺失患者进行了深入研究，试图寻找盖奇人格翻天覆地的变化的原因。最终他们得到了满意的结论，并且让这项研究登上了 1994 年的一期《科学》杂志封面。这奠定了当代认知神经科学的基础。

03 极客型资深音乐发烧友

　　除了研究大脑，达马西奥还爱好艺术，他平时喜欢收集自己的作品在各国的不同版本，而妻子汉娜的业余爱好则是制作雕塑，两人对艺术的兴趣促使他对情绪有着比常人更深刻的理解。他与汉娜创立了大脑与创造力研究院，并在其中专门设立了音乐厅，希望通过音乐会的形式探讨情绪在艺术创作以及儿童教养方面的重要作用。

　　2009 年，达马西奥联手知名大提琴演奏家马友友，在美国自然历史博物馆举行了一场音乐公演。公演以达马西奥的著作《当自我来敲门》为题，演奏期间，舞台屏幕上同步呈现了炫丽的大脑成像图。

　　知名作曲家布鲁斯·阿道夫曾说："达马西奥教授的科学著作为作曲家提供了生动的描述，进而对音乐创作带来了结构性影响，他诗性的语言也为音乐等抽象表达方式预留了必要的空间。"

04 影响力遍及全球的思想引领者

达马西奥在神经科学研究的第一线奋战了几十年，获奖无数。他提出的躯体标记假设启发了欧美诸多神经科学实验室研究人员的思路，并为理解情绪、感受和意识背后的大脑运行方式作出了重要贡献。

在神经科学领域外，他的研究成果还被其他学科的许多研究者引用，美国科学信息研究所称其为"最高被引学者"之一。他影响的学者包括诺贝尔生理学或医学奖得主大卫·休伯尔、诺贝尔经济学奖得主弗农·史密斯、著名哲学家汉斯·约阿西姆·施杜里希等。达马西奥的名字还曾被写入施杜里希所著的《世界哲学史》，成为让 20 世纪哲学思想发生转变的标志性人物。

正是这样的跨界影响使得达马西奥的作品能够长踞心理学、脑科学、哲学、社会学、国际关系与管理学等领域经典书单之中。他的新作《万物的古怪秩序》为读者提供了一种理解生命、情感和文化起源的新方法，帮助我们重新理解这个世界以及我们在其中的位置。这位享誉世界的神经科学家总能给我们带来新的惊喜。

达马西奥"情绪与人性"五部曲

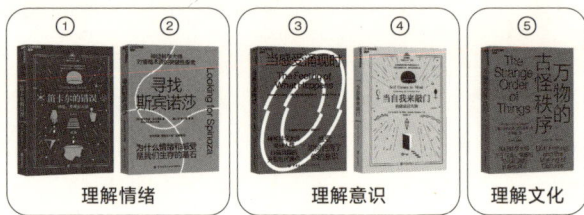

① ② 寻找斯宾诺莎 Looking for Spinoza

③ 当感受涌现时 ④ 当自我来敲门 The Strange Order of Things 万物的古怪秩序

理解情绪　　理解意识　　理解文化

作者演讲洽谈，请联系
speech@cheerspublishing.com

更多相关资讯，请关注

湛庐文化微信订阅号

献给汉娜
For Hanna

这是安东尼奥·达马西奥的著作中最大胆、最令人满意、最个人化的一本书，对情绪和感受、感受和理性的本质提出了令人眼花缭乱的见解。

奥利弗·萨克斯

杰出神经病学家，畅销书《错把妻子当帽子》作者

这是一部极具诱惑力的原创作品，提供了一页又一页关于心智运作的惊人见解。它在整体上创造了最罕见的效果，即启示的性质。

威廉·斯泰伦

美国当代著名小说家

在寻找斯宾诺莎的过程中，安东尼奥·达马西奥——世界上最著名的神经病学家之一，解决了一些关于我们的脑及其如何与我们所称的心智进行关联的难题。这本书代表了一项巨大的、最令人印象深刻的成就。

戴维·休布尔

诺贝尔生理学或医学奖得主

作为研究人类大脑功能的著名思想家之一，达马西奥又写了一本书！他思考深刻，写作优美，将感受与对大脑功能的最新理解联系起来，与斯宾诺莎和西方思想的哲学根源联系起来。我们不可能找到一位引领我们进入这个领域的更好的向导了。

埃里克·坎德尔

诺贝尔生理学或医学奖得主，《追寻记忆的痕迹》作者

这是一本非常出色的书，写得优美、深刻、精辟，创造了跨越时间和空间的联系。

彼得·布鲁克

著名戏剧和电影导演

这是一次精彩的智力练习，也是一次沉思，可以让广大观众了解如何获得幸福和更好的生活。

让－皮埃尔·尚热

法国巴斯德神经科学系名誉主席

该书是达马西奥的独创，见解深刻、易于理解。他出色地向我们展示了如何将斯宾诺莎对于幸福安康的解释与当前关于身、心和感受的科学思想相结合。

斯蒂文·纳德勒

美国艺术与科学院院士、威斯康星大学麦迪逊分校人文研究所主任

达马西奥用清晰、易懂、有时充满雄辩力的文字勾勒出了人类灵魂的新愿景，整合了身体和心智、思想和感受、个人生存和利他主义、人性和自然、伦理和进化……斯宾诺莎会感到自豪的。

《旧金山纪事报》

这是一本非同凡响的书，体现了达马西奥罕见的才能，使科学易于理解，同时也体现了他在哲学、文学上的天赋，以及他的风趣。

《洛杉矶时报》

达马西奥处于被神经科学家称为"情感革命"的前沿，这一革命正在颠覆数十年的科学智慧，并在其他领域产生反响。在《寻找斯宾诺莎》一书中，他解决了情感如何发挥作用的谜题。

《纽约时报》

该书非常吸引人，非常令人满意。它把对人类状况的科学论述、历史发现和深刻的个人陈述独特地结合起来，并大胆提出了这样的问题：我们积累的关于人脑的知识，应该如何影响我们的生活？又如何使我们所处的社会井然有序？

《自然》

达马西奥是一位大胆的思想家，是一位率先对感受，即我们从情绪中获得的痛苦或愉快的体验进行科学探索的先驱。

《圣何塞水星报》

在这本精彩的新书中，杰出的神经科学家安东尼奥·达马西奥对那位荷兰哲学家惊人的洞察力进行了探索。

《发现》

达马西奥最大的技巧是让他的读者感受到我们的神经系统在脑中的每一刻映射我们的身体、它的周围环境、它的历史、它的需求和它的决定……这是一个杰出的贡献。

《展望》

达马西奥的写作风格充满神韵。他成功地引导他的读者游览了神经科学的一些最新发现，而不是用科学蒙蔽他们。

《新人文主义者》

达马西奥对所解释的问题的敏感性堪称典范，他的人文主义不仅仅是装饰品，更是他的方法中让人感受至深的组成部分。

《新科学家》

该书对感受的神经生物学基础和它们如何塑造人类生活进行了令人兴奋的探索，对斯宾诺莎的生活和工作进行了出乎意料的个人思考，使我们看到了我们内在存在的景象，其复杂性和美丽令人惊叹。

《书单》

达马西奥成功地使最新的脑研究成果被普通读者所接受，而他对斯宾诺莎充满激情的思考使这些数据与日常生活关联起来。

《出版人周刊》

该书站在了神经科学的前沿，任何准备跨越学科界限探讨人类意味着什么的人都应该引起高度重视。

《卫报》（伦敦）

达马西奥是一位生动活泼、富有人文精神的作家，他的作品题材广泛，从伦勃朗的绘画到莎士比亚的戏剧，再到伦理学的基础和意识的本质……这是一本好书。

《独立报》（伦敦）

一次充满激情和辉煌的叙述，提供了理解感受的性质及其对人类意义的最新进展。

《世界报》

这是一次勇敢的尝试，试图解决一些极其重要的哲学问题。

《金融时报》

一本清晰、平易近人、诙谐、富有诗意的书。

《爱尔兰时报》

科学上激动人心的叙述，是对人类精神的深刻描述。

《格拉斯哥先驱报》

该书描述了牢固扎根于哲学史的科学进展，阅读这样一本严谨易读的书，是一种难得的乐趣。

《休闲伦敦》

从理性和感性走向演化理性

——序达马西奥著作五部曲中译本

汪丁丁

北京大学国家发展研究院经济学教授

大约 15 年前，我陪诺贝尔经济学奖得主弗农·史密斯（Vernon Smith）在友谊宾馆吃午餐，他来北京大学参加中国经济研究中心十周年庆典的系列演讲活动。闲聊一小时，我的印象是，给这位实验经济学家留下较深印象的脑科学家只有一位，那就是达马西奥。其实，达马西奥至少有三本畅销书令许多经济学家印象深刻，其中包括索罗斯。大约 2011 年，索罗斯想必是买了不少达马西奥的书送给他的经济学家朋友，于是达马西奥那年才会为一群经济学家演讲，并介绍自己 2010 年的新书《当自我来敲门》（*Self Comes to Mind: Constructing the Conscious Brain*，我建议的直译是 "自我碰上心智：意识脑的建构"），同时主持人希望达马西奥向经济学家们介绍他此前写的另外两本畅销书，即《寻找斯宾诺莎》（2003）和《笛卡尔的错误》（1994），后者可能也是索罗斯最喜欢的书。索罗斯总共送给那位主持人三本《笛卡尔的错误》。笛卡尔是近代西方思想传统的 "理性建构主义" 宗师，所以哈耶克追溯 "社会主义的谬误" 至 360 年前的笛卡尔也不算 "过火"。索罗斯喜爱达马西奥，与哈耶克批判笛卡尔的理由是同源的。

脑科学家达马西奥，在我这类经济学家的阅读范围里，可与年长五岁的脑科学家加扎尼加相提并论，都被列为"泰斗"。术业有专攻，达马西奥主要研究情感脑，而加扎尼加主要研究理性脑。"情感"这一语词在汉语里的意思包含了被感受到的情绪，"理性"这一语词在汉语里的意思远比在西方思想传统里更宽泛，王国维试图译为"理由"，梁漱溟试图译为"性理"（沿袭宋明理学和古代儒学传统），我则直接译为"情理"，以区分于西方的"理性"。标志着达马西奥的情感与理性"融合"思路的畅销书，是1999年出版的《当感受涌现时》（*The Feeling of What Happens: Body and Emotion in the Making of Consciousness*，我的直译是："发生什么的感觉：身体与情绪生成意识"）。达马西奥融合理性与感性的思路的顶峰，或许就是他2018年出版的新书《万物的古怪秩序》（*The Strange Order of Things: Life, Feeling, and the Making of Cultures*，我的直译是："世界的奇怪秩序：生命、感受、文化之形成"）。

在与哲学家丽贝卡·戈尔茨坦（Rebecca Goldstein，史蒂芬·平克的妻子）的一次广播对话中，达马西奥承认斯宾诺莎对他的科学研究思路有根本性的影响，甚至为了融入斯宾诺莎，他与妻子①专程到阿姆斯特丹去"寻找斯宾诺莎"。他在《寻找斯宾诺莎》一书的开篇就描写了这一情境：他和她，坐在斯宾诺莎故居门前，想象这位伟大高贵的思想者当时如何被逐出教门，又如何拒绝莱布尼茨亲自送来的教授聘书；想象他如何独立不羁，终日笼罩在玻璃粉尘之中打磨光学镜片，并死于肺痨。如果这两位伟大的脑科学家知道陈寅恪写于王国维墓碑上的名言——"惟此独立之精神，自由之思想，历千万祀，与天壤而同久，共三光而永光"，可能要将这一名言写在《寻找斯宾诺莎》一书的扉页。

---

① 达马西奥的妻子名为汉娜，是《脑解剖图册》（*Human Brain Anatomy in Computerized Images*）的主编，她在脑科学领域的名望不亚于达马西奥。

斯宾诺莎的泛神论、斯宾诺莎的情感学说、斯宾诺莎的伦理学和政治哲学，对达马西奥产生的影响，不论怎样估计都不过分。晚年达马西奥的问题意识，很明显地从神经科学转入演化生物学和演化心理学，再转入"文化"或"广义文化"（人类以及远比人类低级的生物社会的文化）的研究领域。文化为生活提供意义，广义文化常常隐含地表达着行为对生命的意义。最原始的生命，其演化至少开始于10亿年前的真核细胞。达马西奥和我都相信（参阅我2011年出版的《行为经济学讲义》），最早的生命是"共生演化"（symbiosis）的结果。并且，我们都认为广义文化的核心意义是"合作"——我宣称行为经济学的基本问题是"合作何以可能"。达马西奥认为关于合作行为的"算法"是10亿年演化的产物，虽然这样的广义文化将世界表达为一套"古怪的秩序"。例如，在原核细胞的演化阶段（大约20亿年前），很可能"线粒体"细胞与"DNA"细胞相互吞噬的行为形成僵局，于是共生演化形成真核细胞，而这样的细胞，基于共生演化或合作，确实看起来很奇怪。他把这一猜测写在2018年的新书里。不过，早在2011年，哈佛大学诺瓦克（Nowak）小组的仿真计算表明，在几千种可能的"道德"规范当中，只有几种形成合作的规范是"演化优胜"的。

最原始的生命，例如由细胞膜围成的内环境，只要有了"内环境稳态"（homeostasis）[①]，只要在生存情境里有可能偏离这一稳态，就有试图恢复这一稳态的生命行为，不论是否表达为"情绪"、"表象"或"偏好"（喜欢与厌恶）。因此，生命行为或（由于算法）被定义为"生命"的任何种类的行为，可视为是"内平衡"维持自身的努力，物理的、化学的、神经递质的，于是，在物理现象与生命现象之间并不存在鸿沟。根据演化学说，在原始情绪与高级情感之间也不存在鸿沟。在融合思路的顶峰，达马西奥推测，从生命现象（"脑"和"心智"）涌现的意识现象，以及从意识现象（基于"自我意识"）

---

① 简称为"内稳态"，正文统一使用了"内稳态"一词。——编者注

涌现的"精神现象",都可从上述的演化过程中得到解释。个体与环境的这种共生关系,不妨用这篇序言开篇提及的经济学家史密斯的表达,概括为"演化理性",又称为"生态理性"。

精神现象,在 20 世纪的"新精神运动"之前的数千年里,主要表达为"宗教"——个体生命融入更高存在的感觉以及由此而有的信仰,还有信仰外化而生的制度。在当代心理学视角下,任何生命个体都需要处理它与环境之间的关系问题。对个体而言,最广义的环境是宇宙,或称为"整全",中国人也称为"太一"。古代以色列人禁止为"太一"命名,因为,任何"名"(可名之名,可道之道)都不可能穷尽整全,于是都算"亵渎"。最初的信仰,就是对个体生命在这一不可名、不可道的整全之内的位置的敬畏感,以及因个体和族群得以繁衍而产生的恩典感。个性弘扬,抗拒宗教对信仰的束缚,诸如路德的改革,于是个体生命可以表达与神圣"太一"合体的感受(天降大任于斯人也)。归根结底,还是个体要处理它与"整全"之间的关系问题。这套关系是连续的谱系,从低级的细胞膜行为——称为"情绪",演化为高级的信仰行为——称为"精神"。

我认为达马西奥的这几本书,或许远比我的《行为经济学讲义》更容易读懂。众所周知,以目前中国学术界的状况,优秀译文难得。谨以此序,为湛庐在这一领域坚持不懈的努力提供道义支持。

探索情绪与感受的世界

多年以前，中国的研究者就已经听说过我所从事的研究，但这是我的重要著作首次由同一家出版机构出版，走近广大的中国读者。能拥有这次合作机会，我感到非常高兴。

这个系列一共收录了五本书，它们几乎囊括了我 25 年来的科研工作与思考。第一本是 1994 年首次出版的《笛卡尔的错误》，最新的一本是 2018 年出版的《万物的古怪秩序》。

在这两本书之间，我还出版了《当感受涌现时》（1999）、《寻找斯宾诺莎》（2003）以及《当自我来敲门》（2010）。

这几本书写了什么呢？相信读者们能很容易地发现它们的主旨：介绍人类心智，特别是心智在人体内部建构的方式。贯穿这几部著作，我秉持的基本观点也是显而易见的：假如脱离了感受，就无法思考心智；假如不考虑躯体的存在，就无法思考感受与心智。这几本书的内容各异，它们反映了多年以来我的研究方向是如何发展演变的，同时也集合了神经系统及其工作原理的新发现。除此之外，在后面几部著作中，普通生物学和哲学会占据更多的篇幅。

《笛卡尔的错误》与《当感受涌现时》所描述的是情感世界，也就是情绪与感受的世界。这两本书让情感世界得到了公正的对待，在遭遇了长达近一个世纪的忽视之后，重回主流科学之列。《笛卡尔的错误》关注情感，反对心理学和神经科学只致力于研究所谓的"高级认知"，即知觉、学习、记忆、推理与语言的观点。我在这两本早期著作中并没有忽视这些研究主题，但我明确提出了情绪与感受是心理过程不可或缺的基础。两本书首次出版的时候，正好是现代神经科学开始对情绪背后的脑机制进行解释的时候。

《寻找斯宾诺莎》歌颂了一位哲学家的思想与人生，这位哲学家重视躯体与情绪，与笛卡尔所主张的观点相对立。在这本书里，我希望向这位特立独行、未曾得到应享赞誉的思想家致敬，感谢他对英美哲学及科学做出的贡献。因此，该书具有较强的个人风格。但这本书也增进了我们有关感受区别于情绪的神经科学的理解。

《当自我来敲门》致力于探讨意识。这本书整合了《当感受涌现时》中出现的观点，意欲从生物学的角度来探讨主体性现象。但它并没有穷尽意识这一主题的所有内容，当然它也不可能做到这一点。我会在《万物的古怪秩序》以及后续的作品中继续探讨意识这个庞大的主题。

《万物的古怪秩序》的英文版副标题意为"生命、感受与文化的产生"，这本书与《笛卡尔的错误》产生了奇妙的联系。它相当直接地探讨了我在《笛卡尔的错误》中提及的问题，当时，我首次提出这些问题，很是小心谨慎。这本书也实现了我在《笛卡尔的错误》的后记中许下的诺言，讨论了生物基础对文化建构的作用。《万物的古怪秩序》明确提出生理与文化的起源有关，即便是无脑的简单生物的生理。此外，它再次证实了我长年的研究工作所得出的一种观点，即单靠神经系统是无法建构心智的，身体的神经组织与非神经组织必须紧密合作，才能建构出被我们称为"心智"的基础，这种观点也得到了越来越多的证明。

我希望我的中国读者能够拥有愉快的阅读体验。希望我在这几本书中所提出的事实与观点能激发大量的讨论，推动研究的发展，并引发更多的思考。

安东尼奥·达马西奥

你了解斯宾诺莎眼中的情感世界吗

- 斯宾诺莎不仅是一位哲学大师，他对当代科学的发展也影响深远，爱因斯坦曾宣称自己是斯宾诺莎的推崇者，这是真的吗？
  A. 真
  B. 假

- 情绪和感受紧密相关，但它们其实是两种不同的心理过程，这是对的吗？
  A. 对
  B. 错

- 当你目睹一场可怕的事故，有人受伤了，你可能会感到难过，这是因为大脑可以____别人的状态。
  A. 感受
  B. 识别
  C. 模拟
  D. 推理

扫描左侧二维码查看本书更多测试题

目录

第 6 章

造访斯宾诺莎

当我试图了解斯宾诺莎的生活轨迹时，我总是回到海牙，回到他在暴风雨之间短暂的平静中抵达帕乌金格拉赫特的场景，以此作为一个关键的视角来解释在此之前、之后的事及其原因。

第 7 章

谁在那儿

知道情绪和感受是如何起作用的，对我们如何生活有影响吗？在这里，我想知道它是否与个人生活管理的核心圈子同样相关。

LOOKING FOR FOR SPINOZA

Joy, Sorrow,
and the Feeling Brain

第 1 章 走近感受

为什么着眼于谈论人类感受本质及其重要性的新发现的书，
在标题中离不开斯宾诺莎？简单来说，任何关于人类情绪
和感受的讨论都不能绕开斯宾诺莎来进行。

进入感受

痛苦、愉快以及介于二者之间的感受（feeling），是我们心智的基石。我们常常注意不到这个简单的现实，因为围绕在我们周围的客体和事件的心理表象，以及描述它们的单词和句子的表象，消耗了我们过多的注意力。然而它们就在那里：这些因无数情绪（emotion）及与之相关的状态而生的感受是我们头脑中连续奏响的乐章，是我们所能听到的寻常旋律的永不止息的轻声哼鸣，唯有我们入睡时，哼鸣才会悄然停止。当我们的心房被喜悦占据时，轻声的哼鸣变成朗朗的歌声；或者，当悲伤袭来时，它便在我们心里奏响一曲悲哀的弥撒。①

考虑到感受是普遍存在的，我们会理所当然地认为，感受的科学早已有

---

① "感受"一词的基本意思是我们在情绪及与之相关的现象中体验痛苦或愉快之感的变体；另一个常用的解释则认为它是一种体验，比如触摸，当我们在欣赏某物的形与质时，我们便会产生这种体验。在本书中，除另外注明的情况，当我们提到"感受"时，都指的是它的基本意思。

了定论：什么是感受，它们如何发挥作用，它们意味着什么。然而事实并非如此。在我们所能描述的所有心理现象中，感受和它们的必要构成因素——痛苦和愉快——在生物学尤其是神经生物学上，我们了解得很少。而考虑到现今社会往往会对培养感受的态度更加开放，并且投入大量的资源和努力，去处理那些通过酗酒、吸毒、医药、食物、真实与虚拟的性爱，以及一切令人感觉良好的消费行为和社会与宗教活动而产生的感受，我们就更困惑了。尽管我们可以用药物、酒精饮料、温泉按摩、身体锻炼以及精神训练来调节我们的情绪，然而迄今为止，无论是公众还是科学都无法从生物学意义上准确地把握什么是感受这一问题。

考虑到我在成长过程中一直相信感受的缘故，我对于"感受"在科学上始终未得到充分解答并不感到吃惊。其中的大部分都是不对的。比如，我认为感受不像我们所能看见、听见或触摸到的事物那样，能被精确地定义出来：和这些有形的实体不同，感受是无形的。当我试图思考脑是如何构建心智时，我得承认现有的观点，即感受是科学图景之外的又一片风光。一个人可以去研究脑如何产生感动并以之打动我们。一个人可以学习感知的过程，去想象视觉的或其他的感觉，并理解思维是如何将它们整合在一起的。一个人可以研究脑如何学习和记住事。一个人甚至可以借助我们对不同客体和事件所做出的不同反应学习情绪反应。然而如同我们在接下来的章节所能看到的那样，感受这个与情绪截然不同的事物依然难以捉摸。感受永远披着神秘的面纱：它们是私人的，也是不可接近的，因此，试图解答感受如何产生以及在脑的哪个部位产生是徒劳的，人们根本无法理解感受背后的含义。

同意识一样，对感受的研究也超出了科学的边界，把它抛到门外的不仅有那些担心任何心理过程是否实际上都可以用神经科学来解释的唱反调的人，还有那些正牌的神经科学家，他们都宣称存在不可逾越的局限。多年来，我一直在研究除了感受以外的任何事物，这证明了我愿意接受上述信念为事实。我花了好长一段时间才意识到这种禁忌的不合理性，并意识到感受的神经生物学的可行性并不比视觉或记忆的神经生物学低。但最终我做到了，主要是因为，我面对的是神经疾病患者的现实，他们的症状迫使我去调查他们的情况。

比如，让我们设想一下，你与这样一个人会面：由于脑的某个部位受到损伤的缘故，在应当产生同情或感到尴尬的时候，此人却无法产生怜悯之心或窘迫之感，然而他却能像脑部未受到损伤前那样感到愉快、悲伤甚至恐惧。面对此情此景，你难道不会驻足深思吗？或者，再想象你面前站着这样一个人：因为脑的其他部位受到了损伤，在应当恐惧的情境下，他却无法产生恐惧感，但他依然是富于同情心的。神经疾病的残酷，对于受害者和他们的照看者而言，简直就如同无底洞。然而，剖析神经疾病总是有可取之处的：通过以不可思议的精确方式梳理脑在正常情况下的运作机制，神经疾病为进入人类脑和心智的堡垒提供了一个独特的入口。

这些病人以及其他有着类似情况的人对情境的反应引出了一系列有趣的假设：其一，当脑中独立的某一部位受到损伤时，个人的感受就无法产生；失去了脑的某一环，也会相应地失去某一心理活动。其二，我们可以推测出：脑中不同的系统掌管着不同的感受；脑中的某一部位受到损伤，不会立刻导致所有种类的感受一并消失。最让人感到吃惊的是其三：当患者丧失了表达某一特定情绪的能力时，他们同时也丧失了体验相应感受的能力。但反过来却并不成立：一些丧失了体验某一感受能力的患者依然能表达相关的情绪。或许我们可以做这样一个比喻：**情绪与感受是一对双胞胎，情绪是头生子，感受是次生子，并且，感受永远尾随于情绪之后，如影随形。**尽管它们有着如此紧密的亲缘关系，且从表面来看，它们是同时出现的，但情绪似乎先于感受而存在。正如我们看到的，对这一具体关系的了解，为我们研究感受提供了崭新的视角。

这些假设均可以在扫描技术的帮助下得到验证，扫描技术使我们能创建人类脑的解剖和活动图像。渐渐地，最初我们用这种技术扫描患者的脑，随后我们扫描患者以及非神经疾病患者的脑，我和我的同事开始构建感受的脑映射，力图解释这让我们的想法激发情绪化状态，并产生感受的庞大网络的运作机制。[1]

尽管在我之前所写的两本书中，情绪和感受都占有重要地位，然而它们又各自不同：《笛卡尔的错误》一书着眼于情绪和感受在决策时的作用；《当感受涌现时》一书则论述了情绪与感受在构建自我中所发挥的作用。然而在本书中，我们的关注点是感受自身：它们是什么，它们又带给我们什么。当我写前几本书的时候，我所引用的大部分案例尚未向公众开放，然而，一个更加立体的理解感受的视角已经出现，因此本书主要目的在于，从我本人作为神经病学家、神经科学学者以及一个常常将感受的科学应用于生活的人的视角，呈现一份关于人类感受的本质及其重要性以及相关现象的成果汇报。

我目前的主要观点是：感受是对人类痛苦与欢乐的表达，因为它们产生于心身之中。感受并非只是附加于情绪之上可有可无的装饰物。感受常常可以揭示（revelation）出整个有机体的生命状态——从字面意义上来说，感受揭开了生命的面纱。**生活如同一场高空钢索表演，大部分感受都体现出为保持平衡所做出的努力，以及进行细微调节、纠错的想法，倘若没有感受，即使是一个微小的失误也会铸成大错，整个表演都将宣告失败**。如果说对于我们的存在而言，有什么能体现出我们既渺小又伟大的特性，那便是感受。

这种启示能够进入心智，是从它自身被揭示开始的。脑通过许多专门的区域协同工作，以神经映射的形式描绘身体活动的各个方面，这种描绘展示了一种复杂的、不断变化的动态生活图景。化学和神经通道将这种生活图景的信号带入脑，就像专用的画布一样接收这些信号。至此，我们如何感受没有那么神秘了。

　　人们有理由怀疑，试图理解感受，除了满足一个人的好奇心外，究竟有
什么价值。基于下述理由，我相信是有其他价值的。阐明感受的神经生物学
原则及其之前的情绪，有助于我们完善对身心问题的看法，这是理解"我们
是谁"的核心问题。情绪及其相关的反应与身体一致，感受与脑一致。对思
想如何触发情绪，以及身体情绪如何成为我们称为感受的思想的研究，为我
们提供了关于心智和身体的独特视角，这是一个单一的、无缝交织的人类有
机体的明显不同的展现。

　　然而，我们在研究感受方面的努力有更实际的回报。对感受及相关情绪
的生物学解释，在很大程度上促进了我们研究出更加有效的治疗方案来应对
人们的主要痛苦的根源，包括抑郁、疼痛、药物成瘾。不仅如此，若想在未
来对人类的认识比现有的结论更加精确，并且考虑到社会科学、认知科学和
生物学三方面的进步，对感受是什么、如何发生作用以及感受意味着什么进
行研究是十分必要的。那么，为什么形成这样的认识有着这样的实际效用
呢？因为人类的成功或失败在很大程度上取决于公众和负责管理公共生活的
机构在原则和政策中如何吸纳这种对人类的修正观点。而若要制定出能够减
轻人们负担、促进人类繁荣发展的原则与政策，从神经生物学的角度理解情
绪和感受乃是关键。事实上，关于感受这一议题的新发现甚至触及人们一提
到就会莫名感到紧张的一个话题，即人们该如何处理关于自己存在的神圣和
世俗解释之间尚未解决的紧张关系。

　　既然已经大致勾勒出了我撰写此书的主要意图，我也应该解释一下一本
着眼于谈论人类感受本质及其重要性的新发现的书，为什么在标题中离不开
斯宾诺莎。由于我自己并非一个哲学家，并且这本书也不是关于斯宾诺莎的
哲学，那么，问一问是明智的：为什么是斯宾诺莎？**简单来说，任何关于人**

类情绪和感受的讨论都不能绕开斯宾诺莎来进行。斯宾诺莎注意到了内驱力、动机、情绪以及感受，并将这四个概念统称为情感（affect），而情感乃是人性的核心。同时，在斯宾诺莎试图理解人类并提出改善人类生活的方法时，快乐与悲伤是两个突出的概念。

至于更详细的解释，就带有许多我个人的主观想法了。

1999 年 12 月 1 日在海牙

1999 年 12 月 1 日，戴斯因德斯酒店（Hotel des Indes）那个好心的守门人坚持同我说："先生，在这种天气里，您是不能徒步出行的，让我帮您叫辆车吧。这风实在太大，几乎可以与飓风媲美了。看看那面旗子吧。"的确，那面旗子几乎要被风吹倒了，而疾速移动的云则竞相涌向东方。尽管海牙的大使洛（Row）已经备好了车，并准备出发，但我还是拒绝了这一邀请。我说，我更喜欢徒步，不会有事的，看见那在云丛之间露出一角的天空有多美了吗？守门人不知道我要去哪里，当然，我也不会告诉他。谁知道他会想些什么呢？

雨基本上已经停了，只需下定决心，就能迎风走出去；事实上，跟随着我脑海中此地的地图，我走得飞快。就在我散步的终点，也就是戴斯因德斯酒店的前方，向我的右侧望去，便能看见那古老的宫殿，以及挂着伦勃朗头像的莫瑞泰斯皇家美术馆（Mauritshuis），眼下那里正在举办伦勃朗自画像回顾展。穿过博物馆的广场，那里的街道几乎不见人影，即便这是城镇的中心，并且今天是工作日。这说明人们都接到了要待在室内的警报。这样很好，不需要穿越人群，就到达了斯珀伊河（Spui）。当我走到新教堂之后，眼前的路便全然陌生了，我犹豫了片刻后，该往哪里走便显而易见了：我先是在扎克布大街右转，随后在瓦根大街左转，然后在斯戴莱温凯德再一次右转，约莫五分钟之后，我到达了帕乌金格拉赫特。我在 72-74 门牌号前停下了脚步。

房子的正面和我想象的一样：这是一栋不起眼的紧临运河的联排别墅，一共三层，不大，有三扇十分宽敞的窗户，比起富人住的那种联排别墅，它显得更朴素一些。房子被保护得很好，看起来和它 17 世纪时的样子别无二致，只是所有的窗户都紧关着，毫无生气。门也保存得十分完好，被妥善地粉刷过，门框之上挂着一只闪闪发光的黄铜铃铛，在门的边缘，"斯宾诺莎故居"几个字刻于其上。尽管不抱太大的希望，我仍毅然按响了门铃：屋内悄无声息，甚至连窗帘都没有动一下。早些时候我打电话询问时，也无人应答，斯宾诺莎故居关门了。

在斯宾诺莎短暂的一生中，他在这里度过了最后的七年。1677 年，他在这里与世长辞。他来时带着的《神学政治论》（*Theologico-Political Treatise*）的手稿，就是在此地匿名出版的；同样，他在这里完成了《伦理学》（*Ethics*）的写作，在他死后，《伦理学》一书出版，尽管在当时，这本书并未获得人们的关注。

我原本对今日能有幸瞻仰这房子不抱希望，然而一切都未让我失望。在景观的中心地带延伸出两条通向街道的小巷，那里竟然有一座城市花园。在那里，我发现斯宾诺莎本人坚固的青铜坐姿雕像，被风吹过的树叶遮掩着。他看起来十分安适，静静地沉思着，完全没有被这喧嚣的天气所打扰，一如当年他从强权手下幸存下来时那样。

在过去的几年里，我一直都在寻找斯宾诺莎，有些时候是在书中寻找，有些时候则是去具体的地点寻找，这也是我今天来到这里的原因，就像你所看到的那样，这是一项并不在我计划中的，仅仅用来满足好奇心的消遣。而我之所以能找到这里，很大程度上也是由于巧合。少年时，我第一次读斯宾诺莎是在青年时期，没有比这更适合读斯宾诺莎在宗教和政治方面言论的年龄了，很坦诚地说，尽管他的一些观点给我留下了较为深刻的印象，但我对斯宾诺莎的崇敬却是相当抽象的。他既迷人，又令人生畏。在随后的很长一段时间里，我都没有想过要读斯宾诺莎，尤其是读他的那些与我研究领域相关的著作，我对斯宾诺莎依然无甚了解。然而，他的一句名言被我珍藏了很久，它出自《伦理学》，与自我的概念相关，当我意图引用它，需要翻书检查它的准确性以及上下文背景时，斯宾诺莎就这样回归于我的生活。我找到了那句话：没错，它的确同我用大头针钉在墙上的那张泛黄的纸上的内容相吻合。然而当我开始阅读我翻找的这一段落的前后文时，我便停不下来了。斯宾诺莎不曾改变，但我已不是曾经的我了。曾经令我费解的内容，现在看来是那么熟悉，熟悉到不可思议的地步。事实上，虽然我无法认同斯宾诺莎的全部观点，但斯宾诺莎的主张与我目前研究的一些方面有着紧密的关联。比如，一些段落依然晦涩难懂，而且，在反复阅读之后，我依然没有解决观点之间的矛盾及不一致性。我依然感到迷惑不解，甚至因此而恼怒。然而，在大多数情况下，无论好坏，我发现自己与这些观点产生了一种愉悦的共鸣，就像伯纳德·马拉默德（Bernard Malamud）的小说《修配工》（*The Fixer*）中的那个人物一样，他在看了几页斯宾诺莎的言论之后，如同被旋风顶着后背那样，一股脑地读了下去："虽然我并不能理解每一个字，但是当你接触到这些观点时，你便像着了魔一般无法停止读下去。"[2] 作为一个科学家，斯宾诺莎所探讨的这些话题，情绪与感受的本质，以及心智与身体间的联系，令我十分着迷同样，这些话题也让过去的思想家着迷不已。然而，在我看来，斯宾诺莎似乎已经预见到了研究人员目前针对这些问题提供的解决方案，这着实令人吃惊。

比如，当斯宾诺莎提到"除了作为一种令人感到愉悦的状态之外，爱什么也不是；而喜悦往往伴随着因为外在因素导致的想法"时，他非常清楚地将感受的过程与对一个能引起情绪的客体产生想法的过程分开³。快乐是一回事，引发快乐的客体是另一回事。最终，快乐或者悲伤，连同对引起快乐和悲伤的事物的看法一起出现在脑海中。当然，在我们的有机体中，它们产生的过程截然不同。斯宾诺莎描述了现代科学作为事实揭示的一种功能安排：生命体均被赋予了对不同客体和事件做出情绪化反应的能力，在做出反应之后，不同的感受以及作为感受必要组成部分的愉快或者痛苦也随之而来。

斯宾诺莎还提出，情感的力量是这样的：克服有害的情感，比如非理性的激情的唯一希望是用一种由理性触发的更强的积极情感去压倒它。"一种无法被压制、无法被另一种截然不同的情感所抵消的情感比能被抑制的情感更强大。"⁴换言之，斯宾诺莎建议我们用在推理与理智基础上产生的更加强大的积极情绪同消极情绪作斗争。他这一思想的中心在于这样一个观点：抑制激情，要靠理性所引导的情绪，而非纯粹的理智。这绝非易事，但斯宾诺莎认为任何容易的事都没有什么价值。

我将要讨论斯宾诺莎非常重要的观点，即心和身都是同一物质的平行属性（称为表现 [manifcstation]）⁵。至少，通过拒绝将心和身放在不同的物质上，斯宾诺莎表明了他对当时盛行的身心问题观点的反对。他的异议在众口一词中显得尤为突出。然而，更有趣的是，他认为"人的心灵①就是人的身体的思想"⁶。这可能导致他被逮捕。斯宾诺莎可能已经直觉到心与身平行表现的自然机制背后的原理。正如我在后面将要讨论的，我确信心理过程是基于脑对身体的映射，即描述对引起情绪和感受的事件的反应的神经模式的

---

① "Mind"一词在不同学科和不同语境中存在"心智""心理""心灵"等多种译法。在心理学和神经科学领域，多译为"心智""心理"，在哲学领域，多译为"心灵"，但两者指代的内容并无本质差异。本书以作者视角进行陈述时，使用了"心智"和"心理"的译法，引用斯宾诺莎的著作并对其观点做阐述时，则使用了"心灵"这一译法，以原汁原味地还原斯宾诺莎的理念。——编者注

集合。没有什么比听到斯宾诺莎的这句话并揣摩其中可能蕴含的深义更令人舒坦的了。

其实，这些言论足以填满我对斯宾诺莎的好奇，然而却不足以满足我的兴趣。对于斯宾诺莎而言，有机体会自然而然且必须尽力去保护它们自己的存在，而它们的本质正是由这种必要的努力构成的。当有机体来到这个世界时，它们就被赋予了掌控生命的能力，它们也是通过这种能力确保自身的生存的。自然，有机体会努力实现其功能的"更大的完美"，斯宾诺莎将其等同于快乐。所有这些努力和倾向都是无意识的。

透过他那些不带感情色彩、朴实无华的句子，斯宾诺莎显然已经建立起了一套生命调节的架构，这正是两个世纪后威廉·詹姆斯（William James）、克劳德·伯纳德（Claude Bernard）和西格蒙德·弗洛伊德所追求的。此外，斯宾诺莎拒绝承认自然界中存在有目的性的设计，将身体和心智设想成可以在不同物种间以不同模式组合的部件，这与查尔斯·达尔文的进化思想是一致的。

在对人类本质的概念进行完善之后，斯宾诺莎开始试图将善与恶、自由与奴役的概念同情感以及生命调节联系起来。斯宾诺莎提出，支配我们所处的社会和个人行为的规范，应该由一种更深层次的人性知识来塑造，这种知识可与上帝或我们内在的本性进行对话。

斯宾诺莎的一些思想是我们文化的重要组成部分，但据我所知，在为理解心理的生物性所做的现代努力中，斯宾诺莎的观点缺席了。[7] 这一缺席本身就是有趣的。相比较而言，作为思想家的斯宾诺莎更出名些。有时候，斯宾诺莎似乎是从虚无中走来的一样，孑然一身，语言无法形容其光彩，但这一印象是错误的，斯宾诺莎虽然独特，但他仍然是他所处的知识时代相当重要的一部分。同时，他看起来像是被生硬地溶解了那般，没有人继承他的思想，但这是另一个错误印象。事实上，斯宾诺莎的一些被禁止的观点的精髓可以在启蒙运动的背后找到，甚至可以在他死后的那个世纪里找到。[8] 对于斯宾诺莎作为一个"无名的名人"这一状况，其中的一种解释是他本人在生前曾闹出过种种丑闻。就像我们在第 6 章里所了解到的那样，他的言论被视为异端并且被禁长达数十年，只有在作为攻击他著作的部分内容时，他的主张才会被罕见地引用。这种对斯宾诺莎言论的攻击，使得斯宾诺莎的推崇者无法公开地讨论他的思想，如此一来，在思想家作品问世之后对其知识的承认的自然连续性被中断了，斯宾诺莎的部分思想甚至被认为是毫无价值的。然而，却无法解释为什么斯宾诺莎直到歌德和华兹华斯开始拥护他而得以出名前，一直籍籍无名。也许更好的解释是斯宾诺莎本身就不是一个容易理解的人。

寻找斯宾诺莎的困难首先在于有好几位斯宾诺莎，就我个人的估测而言，至少有四位。第一位斯宾诺莎的资料相对比较容易收集，他是一位激进的宗教学者，对于当时的教派持反对态度，提出了一个新的上帝概念，并且，他还为人类的解放指出了一条新道路。第二位斯宾诺莎是一位政治架构师，一位在其理论中描述出由有责任心和愉悦感的公民选举出来的理想化民主社会特点的思想家。第三位斯宾诺莎的资料是这几位中最难获取的，是一位哲学家，他用科学事实、几何学的证明方法以及直觉来构建宇宙以及其中的人类概念。

分辨这三位斯宾诺莎以及他们所属的关系网足以让人意识到斯宾诺莎其人可以有多复杂。然而还有第四个斯宾诺莎：作为生物学家的斯宾诺莎，一位藏匿于无数命题、公理、证明、辅助定理和评注之后的生物思想家。在补充了许多在情绪与感受方面与斯宾诺莎的阐释相符合的科学进展之后，我在本书中的第二个意图是将这个鲜为人知的斯宾诺莎同今日神经科学的一些相应观点联系起来。然而，我要再一次指出，这本书并非是在探讨斯宾诺莎的哲学，我不会提及斯宾诺莎在我认为的生物学范畴之外的思想，我的目标更为谦逊。**哲学的价值之一在于，自哲学诞生的那一刻起，从古到今，哲学都预言了科学；反过来说，我深信认识到哲学的历史性成就能够更好地为科学服务。**

寻找斯宾诺莎

尽管从事实而言，斯宾诺莎对于人类心智的思想是基于他对人类发展状况的担忧而产生的，但斯宾诺莎依然与神经生物学紧密相连。斯宾诺莎的终极关注点是人与自然的关系，他试图阐明这种关系，以此来提出解放人类的现实方法：有一些方法是依赖于个人的，需要在个体的控制下进行；而有一些方法依赖于特定形式的社会与政治组织给个人提供帮助。他的这一思想来源于亚里士多德，但毫无疑问，斯宾诺莎这一思想的生物学基础更加牢固。斯宾诺莎似乎是确立了个人与集体的幸福感彼此间的联系：一方面，他确立了人类解放与国家结构的关系；另一方面，斯宾诺莎这些思想的提出远远早于约翰·穆勒。至少，考虑到斯宾诺莎思想的社会影响，我们应该对他的思想给予充分的认可[9]。

斯宾诺莎提出了一个理想化的民主国家，言论自由正是其特点之一。斯宾诺莎写道："在这个国家中，每个人都能思考他们感兴趣的话题，人人都畅所欲言。"[10]这样的民主国家在实行政教分离的同时，慷慨解囊，用社会契约来提升公民的生活质量，同时提高政府管理以保证社会和谐。斯宾诺莎这一主张的提出比《独立宣言》和《第一修正案》早了一个多世纪，而作为自身的革命努力的一部分，斯宾诺莎也预见到了现代生物学的某些领域，这就更令人感兴趣了。

做出如此贡献的人是谁？那么，谁又能在对心智与身体的问题上进行如此思考，这一思考不仅与他所生活的时代截然不同，并且值得一提的是，在其后的三百年甚至更久的时间里，他的思想依然是先进的？是怎样的环境造就了这样的叛逆精神？若要试图回答这些问题，我们不得不提到另一个斯宾诺莎，一个藏匿于本托（Bento）、巴鲁克（Baruch）、本尼迪克特斯（Benedictus）三个截然不同的名字背后的男人；一个人可以在无畏与谨慎、强硬与随和、傲慢与谦虚、冷漠与温柔、令人尊敬与令人生厌之间完成瞬间切换的人；既如此切实地存在着，可以被人走近了解，却又散发着灵性。他从不在他的文字中流露出个人情绪，甚至从他的个人风格中，你也无从得知他的情绪。因此，只有通过无数间接材料，我们才能拼凑出斯宾诺莎其人。

在我自己都几乎注意不到的地方，我开始寻找隐藏在作品的冷淡之感背后的那个人。我仅仅是简单地想要在我的想象中与此人会面，聊上一小会儿，并请他在《伦理学》一书上为我签个名。因此，汇报我对斯宾诺莎的调查以及他一生中的故事是本书的第三个意图。

1632 年，斯宾诺莎出生在阿姆斯特丹这座繁华的城市，彼时正是荷兰黄金岁月的中期。也就是在那一年，就在距离斯宾诺莎家不远的地方，26 岁的伦勃朗·凡·莱因（Rembrandt van Rijn）正在创作他的成名作《杜普医生的解剖课》（*The Anatomy Lesson of Dr. Tulp*）。那时，伦勃朗的赞助人、奥兰治亲王的秘书、约翰·邓恩的朋友康斯坦丁·惠更斯刚刚成为克里斯蒂安·惠更斯（Christiaan Haygens）——日后历史上最著名的天文学家和物理学家之一——的父亲；那时哲学界的领头者笛卡尔才 32 岁，住在阿姆斯特丹的普林森格拉赫特河边，此时正为他即将问世于荷兰，随后走出国门的有关人类本质的新观点苦恼不已，不久之后他就要来教年轻的克里斯蒂安·惠更斯代数了。用西蒙·沙玛（Simon Schama）对这个时代、这个地方恰当的描述，斯宾诺莎是在令人尴尬的财富、知识和经济背景下诞生的 [11]。

克服有害的情感，比如非理性的激情的唯一希望是用另一种由理性触发的更强的积极情感去压倒它。

斯宾诺莎说
LOOKING FOR SPINOZA

Joy, Sorrow, and the Feeling Brain

斯宾诺莎的父母米格尔·斯宾诺莎（Miguel Spinoza）和汉娜·黛博拉（Hana Debora），两位重新定居在阿姆斯特丹的葡萄牙、西班牙裔犹太人，在斯宾诺莎出生之后，为他取名为本托。当他在阿姆斯特丹周围都是富裕的商人和学者的犹太人社区中长大时，他的朋友以及犹太教会里的伙计们称呼他为巴鲁克。而在他24岁被逐出犹太教会之后，他接受了他的新名字——本尼迪克特斯。斯宾诺莎舍弃了他在家乡阿姆斯特丹安适的生活，开始了他的离经叛道之路。一路上，他始终沉着冷静、深思熟虑，而这一路的最后一个停靠站就是帕乌金格拉赫特。无论是葡萄牙文名本托、希伯来文名巴鲁克，还是拉丁文名本尼迪克特斯，他们都具有相同的含义：祝福。那么，一个名字中都蕴含了什么呢？我想说，一个名字中所隐藏的内容实在太多了；从表面上看，这些文字意义相近，然而藏匿于他们之后的概念却天差地别。

当心

我觉得我得进到这房子里面去。然而眼下门却紧锁着。我所能做的就是去想象：一个人从房子旁边停靠着的驳船下来，走近房前询问斯宾诺莎是否在家（帕乌金格拉赫特是一条开阔的运河，然而不久之后，运河被填埋，变成了一条街道，阿姆斯特丹和威尼斯的许多运河都有着相似的遭遇），房子的主人兼画家、热情的梵·德·斯派克（Van der Spijk）会打开门，亲切地将客人带到他的画室，让客人稍等片刻，随后他会告知他的房客斯宾诺莎，他的访客已经抵达。

斯宾诺莎的房间在三层，他会从那螺旋式的、紧密缠绕在一起的、看起来有些可怖的荷兰式楼梯上下来。他会穿着他那身虽然称不上新，但也绝称不上破旧的，得体的菲达戈尔式装束，他将这身衣服打理得十分完好，白色立领、黑色马裤、黑色皮质背心，黑色的驼毛夹克服服帖帖，很衬他的肩线，脚上那富有光泽的黑色皮靴上搭着硕大的银色带扣，也许是为了便于在楼梯上站立，他手里还拿着一根木质手杖。斯宾诺莎酷爱黑色皮靴。他那张五官和谐、胡茬清理得干干净净的脸，和那双闪着光的黑色大眼睛在他的容貌中显得格外突出；他的头发，以及那修长的眉毛也都是黑色的；他有着橄榄色的皮肤，中等身材，体态轻盈。

你可以看见这样一幅图景：来访者受到了礼数十足，甚至可以称得上殷勤的接待，然而这接待也是十分直率的，来访者可以直入手头要处理的事。这位颇具雅量的老师喜欢在他的工作时间谈论光学、政治和宗教作为娱乐；茶水倒在一旁，梵·德·斯派克则继续作画，大多数时候，他都很安静，且显得彬彬有礼；他那热情洋溢的七个孩子则在房子后面玩耍；梵·德·斯派克夫人在做针线活，帮工则在厨房里忙碌。

斯宾诺莎会抽着他的烟斗，当问题抛出、答案浮出水面、日光渐渐黯淡时，烟的气味与松脂的香气相互缠绕在一起。斯宾诺莎接待过无数的来访者：从梵·德·斯派克的邻居、亲属，到求知好学的男学生、生性敏感的年轻女性，从戈特弗里德·莱布尼茨、克里斯蒂安·惠更斯，到当时刚成立不久的英国皇家学会的主席亨利·奥尔登伯格，从他写信的语气来看，他对普通百姓最宽容，对同辈人最没有耐心。显然，容忍那些谦逊却略显愚笨的人对他而言并不是难事，但其他人就未必了。

我同样可以想象斯宾诺莎葬礼上的送行队伍：在1677年2月25日，又一个灰暗无光的天气里，梵·德·斯派克一家和"大约有六节车厢那么多的富有声名的人"跟随于斯宾诺莎简陋的棺材之后，在去往新教堂这仅仅几分钟的路上缓慢前行。循着他们可能走过的路，我返回到新教堂，我知道斯宾诺莎的坟墓就在教堂的后院，我就这样从他生前的居所走到了他死后的居所。

好几扇大门环绕着教堂后院，大敞着。然而这里并没有之前提及的坟墓，只有灌木丛、杂草、苔藓和掩映在高大树木之下的泥泞小路。我发现坟墓的位置与我想象的差不多，在院子的后面，位于教堂后面，在南面和东面，一块平地有一块垂直立着的墓碑，饱经风吹雨打，没有任何装饰。除了标明墓的主人是谁，铭文上还刻了 CAUTE 的字样，在拉丁语中意为"当心"。联想到斯宾诺莎的遗体如今并不在墓中一事，这一则警示显得令人恐惧无比：在葬礼过后，他的遗体被安置在教堂中，不知何时，他的遗体被人偷走了，而人们至今不知道偷走遗体的人是谁。斯宾诺莎告诉我们，每个人都有权思考自己感兴趣的话题，说出自己思考的内容，然而这并非一件短期内就能做到的事，至少目前不行。当心，小心你所说的（以及你所写的），否则，连你的遗骨都将不再属于你。

斯宾诺莎在他的通信中用过"当心"一词，这个词印刷在玫瑰图案的下方。在他人生的最后十年里，他所写的东西可以真正称得上见不到光了：他为《神学政治论》列了一系列虚构的出版商，以及错误的出版地（汉堡），作者的那一页则是空白的。即使是这样，即使这本书是用拉丁文而非荷兰文撰写的，荷兰当局还是在 1674 年颁布了对此书的禁令。不出所料，梵蒂冈在其危险书目上也将这本书列入其中；教会则认为这本书不遗余力地攻击了现下组织良好的宗教与政治权力架构。在这之后，斯宾诺莎的一切出版活动都受到了限制，这并不令人惊奇。直到斯宾诺莎去世的那天，他最后一些手稿仍躺在他书桌的抽屉里。然而，梵·德·斯派克知道该怎么做，他用驳船将整张书桌运到了斯宾诺莎在阿姆斯特丹真正的出版商约翰·里厄沃茨那里；斯宾诺莎遗留下来的手稿合集，包括修订了大半的《伦理学》、《希伯来语法》、未完成的第二版《政治论》以及《知性改进论》，在同一年的晚些时候匿名出版。当我们将荷兰描绘成一个对知识分子有着无上包容的天堂时，我们也要在心底记住，荷兰的确担得起这样的名头，但这种包容也是有限度的。

在斯宾诺莎生前的大部分时间里，荷兰都属于共和国政体，而在斯宾诺莎的青壮年时期，掌权的是詹·德威特（Jan De Witt）大主教。德威特野心勃勃且专制独裁，但他的确很开明。虽然我们并不清楚他对斯宾诺莎的了解有多少，但他的确知道斯宾诺莎其人，而且可能在《神学政治论》刚开始引发一系列流言蜚语时，他帮助斯宾诺莎平息了那些极为保守的加尔文主义政治家的怒火。从 1670 年开始，德威特就有了这本书。传说，他确实在政治和宗教事务上寻求过这位哲学家的意见，而斯宾诺莎也因德威特对他的尊敬而感到高兴。即使这些传闻可能并不属实，但毋庸置疑的是，德威特的确对斯宾诺莎的政治思想感兴趣，至少他对斯宾诺莎的宗教主张表示认同。斯宾诺莎理所当然地觉得德威特的存在保护了他。

在 1672 年荷兰黄金年代中短暂的黑暗时刻，斯宾诺莎相对的安全感突然被打破了。在这个政治动荡的时代，在一个突如其来的事件中，德威特和他的兄弟因为被错误地怀疑在与法国持续的战争中是荷兰的卖国贼，而被一个暴徒暗杀。在去往绞刑场的途中，袭击者用棍子将德威特兄弟二人敲晕，并用匕首将二人割喉，因此，当他们到达绞刑场时，已经没有绞死二人的必要了。接着，他们把尸体上的衣服扒下，像肉铺那样，把二人的尸体头朝下悬挂着，开始分尸。这些残肢被当作纪念品卖出，其中最令人不适的娱乐是：他们的残肢或是被人生吃，或是被烹饪后吃掉。所有的这一切都发生在我现在所在位置的不远处——准确来说，就在斯宾诺莎居所附近的拐角处，毫无疑问，这可能也是对斯宾诺莎而言最黑暗的时刻了。这次袭击吓坏了当时的许多思想家和政治家，尽管身在安全的巴黎，但莱布尼茨和向来镇定的惠更斯都恐惧不已。然而斯宾诺莎不为所动。这一野蛮的行径揭露出人类本性最令人感到羞耻、最糟糕的一面，并且令斯宾诺莎震惊的是，原来维持他所竭力营造出来的安宁是如此艰难。他准备了一块写着"终极野蛮人"（ultimate barbarians）的告示牌，打算把它挂在遗骸附近，幸好梵·德·斯派克靠谱的智慧在此次事件里占了上风，他仅仅是简单地给房门上了锁，然后把钥匙保管了起来。如此一来，斯宾诺莎就无法离开这座房子，也不会被无法逃避的死亡所威胁。据说，那是斯宾诺莎唯一一次在旁人面前大哭，别人从来没有看见他像这样因为无法控制的情绪而痛苦。曾经知识分子的避风港就此迎来终结。

我又看了看斯宾诺莎的墓，随后想起笛卡尔为自己的墓碑准备的铭文："他将自己隐藏得很好，也生活得很好。"[12] 这两位同年代的人离世的时间不过差了 27 年（笛卡尔于 1650 年去世）。他们两个人都在荷兰这片土地上度过了大半生的时光，斯宾诺莎是因为出生在这里，笛卡尔则是出于自己的选择。笛卡尔在职业生涯的早期，就意识到他的主张与天主教教会以及他自小长大的法国的政体相冲突，于是他悄无声息地离开了法国，来到了荷兰。然而二人都不得不东躲西藏地过日子，并且，或许是因为这一缘故，笛卡尔转变了自己的思想。我们需要详细说明其中的缘由：在 1633 年，也就是斯宾诺莎出生一年之后，伽利略被罗马宗教裁判所审问，并被软禁了起来。也就是在同一年，笛卡尔延迟了他《论人》（*Treatise of Man*）一书的出版，即便如此，他依然需要对他在人类本质这一观点受到的猛烈攻击做出回应。到 1642 年，或许是为了作为一种先发制人的手段阻止那些在不久的将来会出现的攻击，笛卡尔试图假设一个与他早年的思想截然不同的理论：在易于腐烂的肉体之外，永生的灵魂可以独立存在。如果这就是他的意图，那么这个策略最终奏效了，尽管这一策略在他生前收效甚微。随后，笛卡尔动身前往瑞典去指导无礼至极的克里斯汀女王，在斯德哥尔摩的第一年冬天，在去为女王上课的途中，笛卡尔去世了，享年 54 岁。我们必须感谢生活在不同的时代，即使在今天，一想到这些来之不易的自由所受到的威胁，我们就会不寒而栗。也许谨言慎行依然是默认的秩序。

当我离开教堂后院时，我的思绪转到了坟墓位置具有的奇特意义上：为什么有着犹太血统的斯宾诺莎要葬在这个颇有影响力的新教教堂旁边？这一问题的答案就像与斯宾诺莎有关的所有其他事一样，是极为复杂的。他之所以被葬在这里，或许是因为他被他的犹太人同胞放逐了，而他被默认为基督徒，毫无疑问，他不能葬在奥德凯尔克的犹太公墓。然而他也并非完全意义上的葬于此地，或许是因为他从未成为过一个完全的基督徒，无论是新教徒，还是天主教徒。在许多人眼中，他是一个无神论者，这是多么恰当啊：斯宾诺莎的上帝既非基督式的，又非犹太式的；斯宾诺莎的上帝无处不在，你无法与之对话，若你对他祈祷，他也不会回应；他存在于宇宙中每一颗细小的颗粒中，无始无终。斯宾诺莎既是被安葬了，又没有切实地回归于尘土；他虽是犹太人，但被放逐；说他是葡萄牙人，但又不确切；说他是荷兰人，但并不典型。斯宾诺莎并不属于任何地方，因此他无处不在。

回到戴斯因德斯酒店时，守门人十分欣喜地看到我毫发无伤地归来。我一刻也无法抑制住自己的兴奋，告诉他我去寻找了斯宾诺莎，并找到了他的居所。那个坚毅的荷兰人惊住了，在完全的困惑中，他停下了脚步，片刻之后，他问："你是说……那位哲学家？"好吧，他确实知道斯宾诺莎是谁，无论如何，荷兰毕竟是世界上教育最发达的地方之一。然而他并不知道，斯宾诺莎在海牙走完了他生命中的最后一程，他在这里完成了他最重要的著作，在这里与世长辞，然后被安葬于此。并且，在某种意义上，为了颂扬他的成就，就在 12 个街区之外，他有一座房子、一尊雕像和一座坟墓。然而平心而论，人们对这些都一无所知。"在这些年里，没有谁时常提起他"，友好的守门人说道。

在帕乌金格拉赫特

两天以后，我回到了帕乌金格拉赫特72号，这一次，亲切的接待人安排我参观了这栋房子。那天的天气更加恶劣，似乎有飓风从北海那边袭来。

梵·德·斯派克的工作室只比外面暖和一点点，当然也比外面暗一点。一团灰色和绿色仍留在我的脑海里。这是一片狭小的空间，在这里，人们可以轻易地沉浸于回忆之中。同样，运用此地此景尽情展开想象也显得极为简单。我在脑海中重新安置好家具，重燃室内的灯火，让室内变得温暖起来。我长久地坐在那里，久到足以让我想象出斯宾诺莎和梵·德·斯派克在这幽暗狭小的场所是怎样活动的。我最终得出结论：无须任何重新装饰，这间屋子就是斯宾诺莎应有的舒适沙龙。我所习得的，是关于谦逊的一课。在这狭小的空间中，斯宾诺莎接见了不计其数的来访者，包括莱布尼茨和惠更斯；当他未被他的著述搞得心烦意乱，全然将吃饭一事抛在脑后时，他就在这狭小的空间一面用餐，一面同梵·德·斯派克夫人和他们吵闹的孩子们交谈；也就在这拥挤的空间里，他被德威特被暗杀的消息打击到近乎崩溃，只能瘫坐在椅子上。

斯宾诺莎是怎样在这种监禁的处境下活下来的？毫无疑问，就是将自己置身于无边无垠的精神世界中。那里比凡尔赛宫和它的花园更为宽广，也就是在那里，在同一时间，仅仅比斯宾诺莎小六岁的路易十四却注定要在凡尔赛宫中，被他庞大的随从队伍尾随着漫步，度过他的又一个 30 年。

毋庸置疑，艾米丽·狄更斯（Emily Dickinson）是对的：一个比天空更为广阔的心灵不仅可以容纳一个好人的智慧，也可以容纳他的整个世界。

LOOKING FOR SPINOZA

Joy, Sorrow,
and the Feeling Brain

第 2 章　欲望与情绪

情绪和感受是如此紧密地联结在一个连续的过程中，以至于我们倾向于把它们看作一件事。实际上，我们可以研究感受过程的起始阶段，将情绪和感受分开研究有助于我们发现自己是如何感受的。

相信莎士比亚

人们始终对莎士比亚充满信任。在《理查德二世》（*Richard II*）末尾，随着王位的失传，牢狱之灾不复迫在眉睫，理查德无意间告诉波林布鲁克，情绪和感受这两个概念可能存在区别[1]。他要了一面镜子，对着自己的脸，研究自己受伤后的表情。然后，他注意到，他脸上所表现的"外在的哀伤恸哭"仅仅是"看不见的悲伤的影子"，是一种"悄悄充溢在受苦的灵魂中的"悲伤。正如他所说，一切悲伤都"在内心"。在短短的四行诗句中，莎士比亚宣称：情感这个统一而不可分割的过程，常常被我们漫不经心地称为情绪或感受，是可以被分成几个部分来分析的。

我解释感受的策略就是从这种区别入手。诚然，在情绪这个词的通常用法中往往包含感受的概念。但是，在我们试图理解一系列始于情绪终于感受的复杂活动链时，我们可以从公开过程和保密过程的原则性分离中获得帮助。出于研究目的，我将前一部分称为"情绪"，后一部分称为"感受"，以与我之前提到的术语含义一致。我希望读者能和我一起选择这些词语和概念，因为这样可以让我们解释其中隐藏的生物学相关知识。在第 3 章的结尾，我保证会把情绪和感受重新结合起来。[2]

在本书中，情绪是一种行为或动作，其中大多数是公开的，当它们出现在面部、声音和具体的行为中时，其他人都能够看见。可以肯定的是，情绪过程的某些成分不是肉眼可见的，但通过当前的科学探测手段，如激素化验和电生理学波形图，可以使其变为"可见"的。另外，感受总是隐藏着的，就像所有的心理表象一样，除了所有者本人，任何人都无法看见。它们在脑中产生，是有机体最私密的财产。

情绪活跃在身体的剧院里，而感受则活跃于心智的舞台上。[3]正如我们将要看到的，情绪及其背后一系列的相关反应是基本生命调节机制的一部分；感受也有助于调节生命，但这是在更高的层次上。在生命的历程中，情绪和相关的反应似乎先于感受。情绪和相关现象是感受的基础，这些心理事件构成了心智的基石，而其本质正是我们希望阐明的。

可以理解的是，情绪和感受是如此紧密地联结在一个连续的过程中，以至于我们倾向于把它们看作一件事。然而，在正常情况下，我们可以沿着这一连续过程收集不同的片段，而且，在认知神经科学的微观研究中，将"两个片段"分开研究是合理的。通过肉眼和一系列科学探测手段，观察者可以客观地观察构成情绪的行为。实际上，我们可以研究感受过程的起始阶段，将情绪和感受分开研究有助于我们发现自己是如何感受的。

本章的目的是解释引发和执行情绪的脑机制和身体机制。这里的重点在于内在的"情绪机制"，而不是引发情绪的环境因素。我希望对情绪的阐释能告诉我们感受是如何产生的。

情绪先于感受

在讨论情绪先于感受时，不妨先注意莎士比亚给理查德写的模棱两可的台词。它与"影子"一词有关，也可能与情绪与感受不同有关，后者产生于前者之前。理查德说，外在的哀伤恸哭是看不见的悲伤的影子，是主要对象——悲伤的感受——的镜像反映，正如镜子里理查德的面孔，正是剧中的主要对象理查德的反映一样。这种模糊性与一个人未经训练的直觉产生了很好的共鸣。我们倾向于相信外显源于内隐。此外，我们知道，就心智而言，感受才是真正重要的。"这种内隐就是实质。"谈到隐藏的悲伤，理查德如是说，我们对此表示认同。我们因真实的感受而痛苦或高兴。从狭义上讲，情绪是外在的表现。但是，"主要"并不意味着"首先"，也不意味着"因果关系"。感受的中心地位掩盖了其如何产生的问题，并支持了这样一种观点：感受率先产生，并在情绪中得到表达。这一观点是错误的，至少在一定程度上要将迟迟停留在为感受寻找一些似是而非的神经生物学解释归咎于它。

事实证明，感受是情绪的外在表现。实际上，理查德应该这样对莎士比亚说："噢，这种外在的悲伤，是怎样在我那饱受苦难的灵魂的沉默中，投射下了难以忍受的、看不见的悲伤阴影啊！"（这让我想起了詹姆斯·乔伊斯在《尤利西斯》中所说的："莎士比亚是所有那些失衡心灵的快乐猎场。"[4]）

在这一点上询问为什么情绪先于感受是合理的。我的回答很简单：**我们先有情绪，再有感受，因为进化首先产生情绪，然后才有感受。**情绪是由简单的反应构成的，这些反应很容易提高有机体的存活率，因此容易在进化中遗传下来。

简而言之，神对于想要保留下来的生物，首先会使其变得聪明，至少看起来如此。早在生物拥有创造性的智能之前，甚至在他们有脑之前，大自然就好像已经决定了生命是非常宝贵且脆弱的。我们知道，大自然并非是按设计来运作的，也不是按艺术家和工程师方式去做决定的，但这幅图像让我们明白了这一点：从低等的变形虫到人类，所有生物生来就有自动解决生命基本问题的装置，而无须理由。这些问题包括：寻找能量来源；吸收和转化能量；维持与生命进程协调的内部化学平衡；通过修复损耗来维持机体的结构；以及抵御疾病和伤害身体的外部因素。"内稳态"一词是一种简写，它代表了所有调控以及由此产生的受调控的生命状态。[5]

在进化的过程中，与生俱来的、自动化的生命管理装置——内稳态机制——变得相当复杂。在内稳态组织的最底层，我们发现了一些简单的反应，如对于某个对象，有机体会产生趋向或回避的反应；或提高活动性（唤醒），或减少活动性（平静或静止）。在组织的更高层，我们发现了竞争或合作反应[6]。我们可以把内稳态机制比喻成一棵枝繁叶茂的大树，用以表述负责生命的自动调控的现象（见图 2-1）。在研究多细胞生物时，我们便从最底层开始，下面就是我们在这树上发现的。

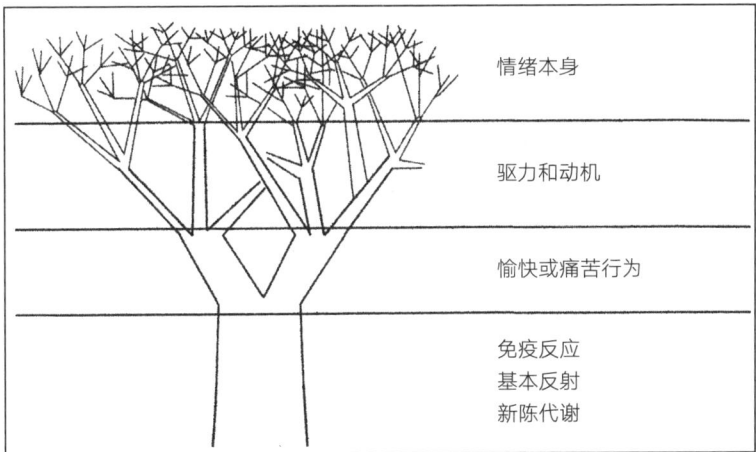

图 2-1　从简单到复杂的自动的内稳态层次

最底层的分支

- **新陈代谢过程** 这包括化学和机械成分（如内分泌／激素分泌，与消化有关的肌肉收缩，等等），旨在维持体内的化学平衡。例如，这些反应控制心率和血压（这有助于正常分配体内的血液）；调节内部环境（血液中和细胞之间的液体）的酸碱度；以及储存和配置蛋白质、脂肪和碳水化合物；这些物质为有机体提供能量（是运动、制造化学酶、维持和更新其组织结构所必需的）。
- **基本反射** 其中包括惊跳反射，是有机体对噪音、碰触做出的反应，或作为引导生物体远离极热或极冷、远离黑暗而进入光明的趋向性或亲和性。
- **免疫系统** 它可以抵御病毒、细菌、寄生虫和来自有机体外的有毒化学分子的入侵。奇怪的是，它还准备处理健康细胞中通常含有的化学分子，当这些分子从濒死的细胞释放到内部环境中时，它们会对有机体产生危害（例如，透明质酸的分解、谷氨酸盐）。简而言之，当有机体的完整性遭到来自外部或内部的威胁时，免疫系统是它的第一道防线。

中层的分支

- **通常与愉快（和奖励）或痛苦（和惩罚）概念相关的行为** 这包括整个有机体相对于特定事物或情况的趋近或回避反应。对于既能感受到又能报告自己感受的人类来说，这种反应被描述为痛苦的或愉快的、奖赏的或惩罚的。例如，当身体出现故障或即将发生损伤时，如局部烧伤或感染，受影响区域的细胞就会发出被称为疼痛反应的化学信号（这意味着"疼痛的指示"）。作为回应，有机体会自动对疼痛或疾病做出反应。这些是一系列的措施，无论是清晰可见的还是精细微妙的，身体都会本能地用它们来自动反击这种损害。当问题的来源是外部的或者可以识别的时，这些措施包括从问题来源中撤出整个或部分身体，保护受影响的身体部位（握住受伤的手，抱紧胸部或腹部），以及惊恐和痛苦的表情；还有一系列肉眼看不见的，由免疫系统组织起来的反应。这些反应包括增加某些类型的白细胞，将这些细胞输送到身体中处于危险状态的部位，以及产生诸如细胞因子之类的化学物质来帮助解决身体所面临的问题（击退入侵的微生物，修复受损的组织）。这些反应的集合和它们产生时涉及的化学信号就构成了我们痛苦体验的基础。

就像脑会对身体的问题做出反应一样，它也会对身体的良好机能做出反应。当身体平稳运作没有障碍，并能轻松转换和利用能量时，它就会以一种特别的方式表现出来。这会使有机体与他人的接触变得更容易。人们会拥有松弛开放的姿态、自信和幸福的面部表情，并会产生某些类别的化学物质，如内啡肽。就像疼痛和疾病时的一些反应一样，这些物质是肉眼看不见的。这些反应的集合以及与之相关的化学信号就构成了愉快体验的基础。

痛苦或愉快是由许多原因引起的，如身体机能的故障、新陈代谢调节的最佳运作，或来自损害或保护有机体的外部事件。但是，痛苦或愉快的体验不是痛苦或愉快行为的原因，也不是这些行为发生的必要条件。我们将在下一节看到，非常简单的生物可以执行某些情绪行为，即使它们感觉到这些行为的可能性很低或为零。

紧接着的上层分支

- **大量驱力和动机** 主要的例子包括饥饿、口渴、好奇和探索、玩耍和性等。斯宾诺莎把它们归为一个非常贴切的词——"冲动"（appetite），并在有意识的个体能意识到这些冲动时用另一个词"欲望"（desire）来概括。"冲动"一词是指有机体被某一特定驱力所驱使的行为状态；而"欲望"一词是指对具有某种冲动以及冲动的解决或抑制的有意识的感受。斯宾诺莎的这种区分很好地对应了我们在本章开始时提到的情绪和感受之间的区分。显然，人类的冲动和欲望就像情绪和感受一样紧密相连。

趋近顶端但未达终极的分支

● **情绪本身** 这就是我们发现的可以自动调控生命的"王冠宝石"：狭义的情绪——从快乐、悲伤、恐惧，到骄傲、羞愧和同情。如果你想知道我们在最上面发现了什么，答案很简单：感受，我们将在下一章中讨论它。

尽管随着生命的继续，学习将在很大程度上决定这些生命调控设备何时发挥作用，但基因组能确保所有的设备在出生时或出生后不久都是活跃的，很少或根本不依赖于学习。反应越复杂，这种说法就越正确。在刚出生时，构成哭泣的一系列反应就已经准备好并活跃起来；在一生中，令我们哭泣的事物将会随着我们的经历而改变。所有这些反应都是自动并已基本模式化的，而且是在特定的环境下进行的。然而，学习可以调节这些一成不变的执行模式。我们的欢笑和哭泣在不同的环境中会发挥不同的作用，就像构成奏鸣曲的音符可以以不同的方式演奏一样。所有这些反应都会以这样或那样的方式，直接或间接地调节生命的进程并促进人类生存。愉快和痛苦的行为、驱力和动机以及适当的情绪有时被称为广义的情绪，这是可以理解且合理的，因为它们有共同的形式和调控目标。[7]

大自然不满足于仅仅庇佑生命，它似乎有了一个不错的深入反思：自然界与生俱来的生命调控设备并不旨在达到一种介于生死、非彼亦非此的中间状态。**相反，内稳态所努力要达到的目标是提供一个比中间状态更好的生活状态，即我们作为富有思想的生物所认同的健康与幸福。**

在我们身体的每个细胞里，所有的内稳态过程时时刻刻都在管控着生命。这种管控是通过一个简单的安排来实现的：首先，个体有机体的内部或外部环境会发生某些变化。其次，这些变化有可能会改变有机体的生命进程（它们可能会对有机体的完整性构成威胁，也可能为有机体的改善提供机会）。然后，有机体能察觉到变化并采取相应行动，并以某种方式为自我保护和高效运转创造最有利条件。所有的反应都是在这种安排下进行的，因此这是一种评估有机体内外环境并采取相应行动的手段。它们会发现问题或机会，并通过行动来解决问题或抓住机会。最后，我们将看到，即使是在"情绪本身"，即诸如悲伤、爱或内疚等情绪中，这种安排仍然起作用，只是评估和反应的复杂性远远大于进化过程中将这些情绪整合起来的简单反应。

很明显，为达到一种积极调控生命的状态而持续努力，是我们生存中深刻而具有决定性的部分，这是我们存在的第一个事实，正如斯宾诺莎在描述每个生命体为保持自身所做的不懈努力（conatus）时凭直觉所意识到的。奋斗、努力和趋向，这三个词接近于拉丁文术语 conatus，正如斯宾诺莎在《伦理学》第三部分的命题 6、7 和 8 中所使用的。用斯宾诺莎自己的话说："每个事物莫不尽其所能，以努力保持其存在"和"每个事物为保持其存在而付出的努力，只不过是事物的实际本质"。以现在的观点来看，斯宾诺莎的观点意味着，有机体的构建是为了保持其结构和功能的一致性，以应对无数威胁生命的危险。

这种努力既包含了面对危险和机遇时自我保护的动力，也包含了协调统一身体各部分而进行的无数自我保护行为。尽管我们的身体会随着成长、构造更新、变老而产生变化，但是努力仍能继续形成相同的个体并遵循相同的建构策略。

在当前的生物学术语中，斯宾诺莎的努力是指什么？它是大脑回路中形成的倾向的合集，一旦受到内部或环境条件的影响，这些意向就会去寻求生存和幸福。在下一章中，我们将看到努力的行为指示是如何通过化学和神经的方式传递到脑的。这是通过在血流中传输的化学分子，以及沿着神经通路传导的电化学信号实现的。生命过程的许多方面都能以这样的方式传递至脑中，并由位于特定脑区的神经细胞回路构成的众多映射表现出来。到那时，我们就已经到达了感受开始融合的生命调控之树的顶端（见图 2-2）。

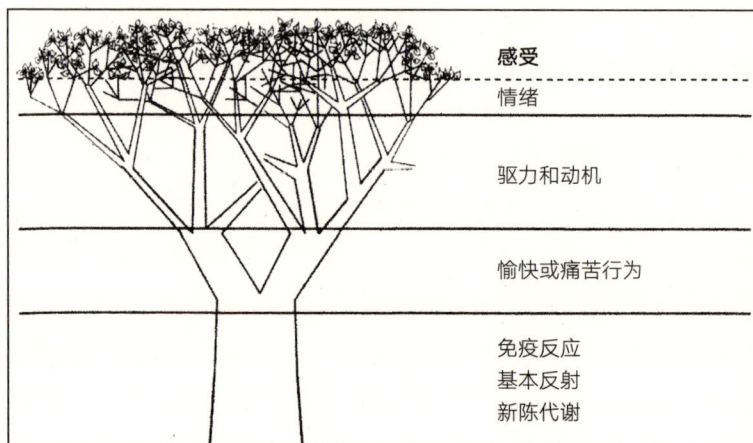

图 2-2　感受在内稳态调节中的作用

感受还支持另一个水平的内稳态调节。感受是所有其他内稳态调节水平的心理表现。

嵌套原则

当我们审视那些确保我们内稳态的一系列调控反应时，我们弄清了一个奇怪的结构的轮廓。它是将一些简单的反应作为复杂反应的组成部分，即将简单反应嵌套在复杂反应中。免疫系统和新陈代谢的调节机制被纳入痛苦和愉快的行为机制中。后者有一部分是包含在驱力和动机的机制中（其中大部分围绕着新陈代谢调整，而所有这些都涉及痛苦或愉快）。某些来自先前所有层面的机制——反射、免疫反应、新陈代谢平衡、愉快或痛苦行为、驱力——都与适当的情绪机制相结合。正如我们将要看到的，情绪的不同层次是基于同样的原则组合而成的。这在整体上并不完全像一个整齐的俄罗斯套娃，因为较大部分不仅仅是将嵌套在其中的较小部分的放大。自然从来不会如此一丝不苟。但是"嵌套"原则仍然是成立的。我们一直在考虑的每种不同的调控反应，都不是完全不同的过程，它们都是为了特定的目的从零开始构建的。更确切地说，每个反应都是由之下较为简单的过程的部分位元重排组成的。它们都是为了同样的总体目标，即幸福地活着，但每一次重排都是为了一个新问题，而这个问题的解决方案对于幸福的生存是必要的。要实现总体目标，就必须解决每一个新问题。

这些反应的集合的表象并不是一个简单的线性层次的。这就是为什么一个有许多层的高楼的比喻只能抓住部分生物学现实，巨大生物链的比喻也并不恰当。更好的比喻则是一棵高大繁茂的树，树枝从树干中伸出，越来越高也越来越精细，因此能与根部保持双向交流。进化的历史全部浓缩于这棵树的示意图中。

更多与情绪相关的反应

我们一直认为某些调控反应针对的是环境中的对象或情境：有潜在危险

的情境，或是觅食或交配的机会。但有些反应是针对有机体内的对象或情境所做出的。这可能会导致用于产生能量的可用营养物的减少，从而产生因饥饿而寻找食物的觅食行为。也可能是激素的变化促使人们寻找伴侣，或者是伤口引起了我们称为疼痛的反应。反应的范围不仅包括非常明显的情绪，如恐惧或愤怒，还包括驱力、动机和与痛苦或愉快相关的行为。它们都发生在一个有机体内，即一个受有机体框架限制的身体内，生命在其中滴答滴答地流逝。所有这些反应，无论是直接的还是间接的，都表现出一个明显的目的：使生命的内部系统能平稳运行。特定化学分子的数量必须保持在一定范围内，不能高也不能低，因为如果超出这个范围，生命就会陷入危险。温度也必须限定在一个狭窄的参数范围内。我们必须获取能源，而好奇心和探索策略有助于我们找到这些能源。一旦找到，就必须将这些能源整合在一起，确切地说，将其置于身体内，对其加以转换以便立即消耗或储存；而所有转换过程产生的废物都必须被清除；对受损和撕裂的组织也必须加以修复以保持有机体的完整性。

即使是情绪本身，如厌恶、恐惧、快乐、悲伤、同情和羞愧等，都是直接地通过避开危险或帮助有机体利用机会，或间接地通过促进社会关系来进行生命调节。并不是说每当我们投入一种情绪时，我们都是在促进生存和幸福。并非所有情绪在促进生存和幸福上的潜力都是一样的，情绪所处的环境和情绪的强度都是影响情绪在特定场合的潜在价值的重要因素。但事实上，某些情绪在当前人类环境中表现出来可能是适应不良的，不过这并不能否认它们在有利的生命调控中发挥的进化作用。在现代社会，愤怒和悲伤往往会适得其反。恐惧也是一个主要的障碍。然而，想想有多少生命在适当的情况下会因恐惧或愤怒而得救。这些反应之所以能在进化中保留下来，是因为它们自动地支持了生存。它们现在仍然存在，这可能就是为什么它们仍然是人类和非人类物种日常生活的一部分。

从实践的角度看，理解情绪的生物学特性，以及每种情绪的价值在当前的人类环境中差异很大这一事实，为理解人类行为提供了大量机会。例如，我们可以认识到，有些情绪是很糟糕的"顾问"，我们可以考虑如何抑制它们或减少其建议带来的不良后果。比如，我认为，导致种族和文化偏见的反应，在一定程度上是基于社会情绪的自动调度，其在进化上是为了检测与他人的差异，这是因为差异可能意味着风险或危险，并促使退缩或攻击。这种反应可能在部落社会中有其作用，但对我们来说已经不再有用了，更不能说是恰当的了。我们可以明智地认识到，我们的脑仍然保留着很久以前在完全不同的环境中做出反应的机制。我们可以学着无视这些反应，并说服其他人也这样做。

低等生物的情绪

有大量证据表明，低等生物也有"情绪性"反应。想象一下，一个单独的草履虫，它是单细胞生物，整个身体就是一个简单的细胞，没有脑，也没有心智，在所处液体的某个区域快速地游动，以远离可能的危险，危险可能是一根针，或是剧烈的振动，或是极热，或是极冷。或者，草履虫可能顺着一种营养物散发出的化学信号，向可能饱餐一顿的区域快速游去。这种低等生物天生就能探查某些特定的危险信号，如温度的剧烈变化、过分的侵犯或可能刺破其细胞膜的举动，然后做出反应，前往一个更安全、更温和、更安静的地方。同样地，它会在探测到可以供应能量和保持化学平衡所需的化学分子存在后，游向绿水草地。我现在在描绘的这一无脑生物的活动已经包含了人类所有情绪过程的实质，即探寻到事物或事件的存在，建议我们避免、回避，或认可、接近。以这种方式做出反应的能力并不是通过老师传授而获得的——草履虫的学校并没有太多教学方法。它被包含在没有脑的草履虫体内，被包含在看似简单却又如此复杂的基因赋予机制中。这表明，长期以来，大自然一直致力于为生物提供自动调控和维持生命的手段，无须提出任何问题，也无须思考。

当然，拥有一个脑，即使是一个初级的脑对生存也是有帮助的，而且如果所处环境比草履虫的更具挑战性，它就更不可或缺。想想一只小苍蝇，一种有微小神经系统但没有脊椎的小生物，如果你反复拍打它但没有成功，它会很生气。它会在你周围嗡嗡作响，胆大妄为地以"超音速"俯冲，并躲避致命的拍打。但如果你喂它糖，你也可以让它感到高兴。你可以看到它是如何放慢动作，并围绕着可口的事物而飞舞、享受。如果你给它一点酒，可以让它高兴得头晕目眩。我并不是在杜撰：这个实验是在一种名为黑腹果蝇的苍蝇上进行的[8]。在暴露于乙醇蒸气中后，只要剂量相当，苍蝇会和我们一样变得行动不协调。它们醉醺醺地飞着，掉进试管里，就像醉鬼摇摇晃晃地撞到路灯柱上一样。苍蝇是有情绪的，尽管我并不认为它们能感觉到情绪，更不用说它们会对这些情绪做出反应。如果有人对这种小型生物的生命调控机制的复杂程度表示怀疑，不妨考虑一下拉尔夫·格林斯潘（Ralph Greenspan）和他的同事所描述的果蝇的睡眠机制[9]。在剧烈活动和恢复性睡眠之间，小果蝇有着和我们相似的昼夜循环周期，甚至还有我们在倒时差时对睡眠剥夺的反应。和我们一样，它们也会需要更多的睡眠。

或者再想想同样没有脊椎，几乎没有脑，而且非常懒惰的加州海兔。触摸加州海兔的鳃部，它会把自己包起来，血压升高，心率加快。加州海兔会产生一系列协同反应，这些反应转换到你我身上，可能会被认为是恐惧情绪的重要组成部分。情绪吗？是的。感受？可能不是[10]。

这些有机体中没有一种是经过深思熟虑而产生这些反应的。它们也不是用与生俱来的本能一点一点地构造反应，并在每个例子中显示出来。这些有机体是以一种固定的方式，本能、自动地做出反应。就像心烦意乱的购物者在成衣展示柜中挑选衣服一样，它们"选择"现成的反应然后继续前进。把这些反应称为反射是不正确的，因为经典的反射只是简单应答，而这些反应是复杂应答的组合。成分的多样性和成分间的协调性把情绪反应和反射区分开来。更确切地说，它们是反射应答的集合，有些相当精细，所有的应答都非常协调。它们能使有机体对某些问题做出反应，并找到有效的解决办法。

情绪本身

将情绪分为不同的类别，是一个古老的传统。虽然分类和类别的名称显然是不全面的，但鉴于我们所处的知识阶段，在这一点上我们别无选择。随着知识的积累，分类和名称可能会改变。与此同时，我们必须记住，类别之间的边界是可以互相渗透的。**目前，我发现将情绪分为三个层次是实用的，即背景情绪、基本情绪和社会情绪。**

顾名思义，尽管背景情绪非常重要，但是它们在一个人的行为中并不特别突出。你可能从来没有注意过，但如果你能准确地察觉到你刚认识的人身上的活力或热情，或者你能够判断出你朋友和同事身上微妙的不安或兴奋、急躁或平静，那么你可能是一个很好的背景情绪感受者。如果你真的很优秀，你可以在你的患者不说一个字的情况下进行诊断。你可以评估他们的四肢和整个身体的运动轮廓。有多强健？是如何锻炼的？充足吗？频率如何？你可以观察他们的面部表情。如果他说了话，那么你不仅要听他说的话并理解它们的字面意思，还要听声音中的音乐和韵律。

背景情绪与心境是有区别的，心境指的是特定情绪在很长一段长时间内的持续状态，可以用几小时或几天来衡量，比如"彼得一直心情不好"。心境也可以用于同一种情绪的反复出现，比如一向非常稳重的女孩简，"无缘无故地发火了"。

当我提出"背景情绪"这一概念时 [11]，根据前面提到的嵌套原则，我开始将背景情绪看作一些简单的调控反应（例如，基本的内稳态过程、痛苦和快乐行为，以及欲望）结合在一起的结果。背景情绪是这些调控行为的综合表现，因为它们每时每刻都显露和贯穿于我们的生活中。我把背景情绪想象成在我们的有机体这样的大型操场上，几个同时进行的调控过程所产生的难以预测的结果。其中包括与任何内在需求的产生或刚刚得到满足有关的新陈代谢调节，以及被其他情绪、欲望或理性思考所评估和处理的外部情况。这种相互作用不断变化的结果就是我们的"存在状态"，或好，或坏，或介于两者之间。当被问到"我们感觉如何"时，我们会参考这种"存在状态"，并做出相应的回答。

接下来应当追问的是，是否存在不会导致背景情绪的调控反应；或者在构成背景情绪（如沮丧或热情）时，最常遇到哪些调控反应；或者气质和健康状况如何与背景情绪相互作用。简单地回答一下：我们还不知道，也还没有进行必要的调查。

基本情绪更容易定义，因为有一个既定的传统，能把某些突出的情绪归为一类。最常见的情绪包括恐惧、愤怒、厌恶、惊讶、悲伤和快乐，每当提到"情绪"这个词时，人们便会首先想到这些情绪。这些情绪能处于中心地位是有充分理由的。它们很容易在不同文化的人类和非人类物种中被识别出来 [12]。导致这些情绪的环境以及定义这些情绪的行为模式在不同文化和物种中也是一致的。毫不奇怪，我们对情绪神经生物学的了解大多都来自对基本情绪的研究 [13]。正如阿尔弗雷德·希区柯克（Alfred Hitchcock）所预测的那样，对恐惧的研究引领了这条道路，但是在对厌恶 [14]、悲伤和快乐 [15] 的研究方面也取得了显著的进展。

社会情绪包括同情、尴尬、羞耻、内疚、骄傲、羡慕、嫉妒、感激、钦佩、愤慨和轻蔑。嵌套原则同样适用于社会情绪（见图 2-3）。一系列的调控反应以及基本情绪中的成分，可以视为不同组合的社会情绪的子成分。来自较低层次的成分的嵌套组合是显而易见的。厌恶是一种与自动和有益地拒绝潜在有毒食物相关的基本情绪，我们可以想想社会情绪"轻蔑"是如何借用"厌恶"的面部表情来呈现的。甚至当我们公开地表示厌恶时，我们用来描述轻蔑情形和道德败坏的词汇都围绕着嵌套原则。尽管比基本情绪更微妙，但在社会情绪的外表之下，痛苦和愉快的成分也非常明显。

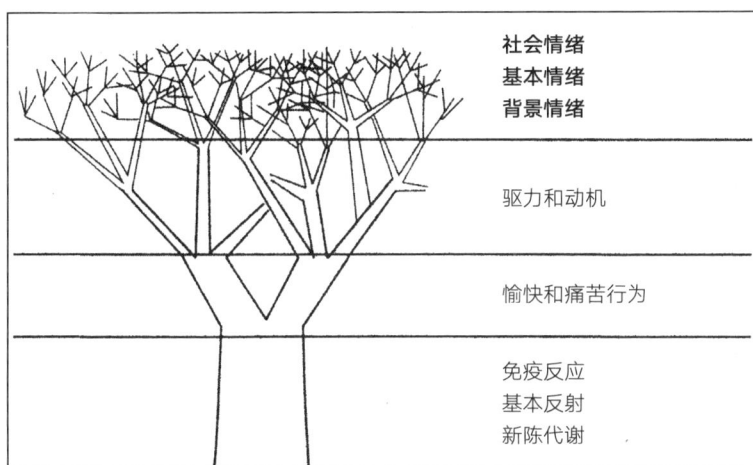

图 2-3　三种情绪

至少有三种情绪本身：背景情绪、基本情绪和社会情绪。在这里，嵌套原则也适用，例如，社会情绪包含了一部分可能属于基本情绪和背景情绪的反应。

　　我们才刚刚开始了解脑是如何激发和执行社会情绪的。因为"社会"一词不可避免地会让人联想到人类社会和文化的概念，所以有必要指出，社会情绪绝不仅仅局限于人类。环顾四周，你会发现黑猩猩、狒狒和普通猴子，海豚、狮子和狼，当然，还有你的狗和猫，它们都有社会情绪。这样的例子不胜枚举：位于统治地位的猴子行走时的骄傲；占据统治地位的类人猿或狼赢得了群体尊敬的帝王风范；不占统治地位的动物的卑微行为，在用餐时必须让出空间和优先权；大象对另一只受伤的大象表示的同情；或者，狗在做了不该做的事之后表现出的尴尬[16]。

由于这些动物都不太可能被训练过如何表达情绪，所以表现出社会情绪的倾向似乎已根深蒂固地存在于有机体的头脑深处，当合适的情境试图去触发它时，它就会被调动起来。毫无疑问，在没有语言和文化工具的情况下，脑的总体构造能允许如此复杂精巧的行为，是物种特定基因组的天赋。这基本上是它们先天、自动化的生命调节装置的一部分，且并不比我们刚刚提到的那些物种少。

这是否意味着这些情绪在严格意义上来讲是与生俱来的，并且在出生后就立即准备好，就像我们在第一次呼吸后的新陈代谢一样？对于不同的情绪，可能有不同的答案。在一些情况下，情绪反应可能是与生俱来的；在另一些情况下，它们可能需要适当接触环境，以获得小小的帮助。罗伯特·欣德（Robert Hinde）关于恐惧的研究也许是一个很好的指示，说明了在社会情绪中可能会发生些什么。欣德指出，猴子对蛇天生的恐惧不一定需要直接接触蛇，只需要看到其母亲对蛇的恐惧就行了。而且只需一次就足以让行为形成，但如果没有这"一次"，这种"先天的"行为就不会形成[17]。这类情况也适用于社会情绪。一个例子就是，幼年灵长类动物在游戏中建立了统治和服从模式。

对于那些认为社会行为是教育的必要产物的人来说，他们会很难接受没有文化背景的低等物种能够表现出聪明的社会行为。但它们确实能如此，再说一遍，它们不需要像我们那么复杂的脑。普通的秀丽隐杆线虫只有302个神经元和大约5000个内部神经元连接（对比一下，人类有几十亿个神经元和几万亿个内部神经元连接）。当这些无性动物（它们是雌雄同体！）在一个有足够食物且没有压力的环境中活动时，它们能独自生活并觅食。但是，如果食物短缺，或者环境中存在有害气味（如果你是一只线虫，而且通过鼻子与外界相连，那么这就是一种威胁），这些线虫就会聚集在一个区域，成群地觅食。事情往往就是这样[18]。许多奇怪的社会概念预示着这些必然萌芽的、富有深远意义的行为：群体的安全感、合作的力量、必要的制约、利他主义和最初的工会。你是否认为是人类创造了这种行为解决方案？就拿蜜蜂来说吧，它们很小，但却有深厚的社会性。蜜蜂大约有 95000 个神经元。是的，那就是一个脑。

这种社会情绪的存在极有可能在复杂的社会调节的文化机制的发展中发挥了作用（见第 4 章）。同样显而易见的是，一些社会情绪反应是在人类社会情境中引发的，而反应的刺激对反应者和观察者来说并不明显。社会统治和依赖的表现就是一个例子：想想人类在体育、政治和工作场所的种种奇怪行为。**为什么一些人会成为领导，而另一些人则成为下属？为什么一些人值得尊重，而另一些人则畏缩不前？这与知识或技能关系不大，而与某个人的某些身体特征和行为方式，以及如何激起他人的某些情绪反应有很大关系。**对于这些反应的观察者和表现出这些反应的个体来说，有些表现似乎是没有动机的，因为它们起源于天生的、无意识的社会情绪和自我保护机制。我们应该相信达尔文带领我们找到了这些现象的进化轨迹。

这些并不是唯一的源于神秘的情绪反应。还有另一类无意识的反应，是个人在发展过程中通过学习塑造的。我指的是我们在一生中，在对人、群体、物体、活动和场所感知和表达情感的过程中，逐渐获得的亲切和厌恶，这些都是弗洛伊德提醒我们注意的。奇怪的是，这两种非刻意的、无意识的反应——先天的和后天的——可能在我们无意识的无底洞里是相互关联的。有人可能会说，这种无意识的相互作用表明了两种知识遗产的交叉，即达尔文和弗洛伊德，这两位思想家毕生致力于研究先天和后天的各种影响。[19]

从化学的内稳态过程到情绪调节，生命调控现象无一例外地或直接或间接地与有机体的完整和健康有关。同样无一例外的是，这些现象都与身体状态的适应性调整有关，并最终导致身体状态的脑映射发生变化，从而形成了感觉的基础。复杂过程中的简单嵌套确保了调控的目的仍然存在于整个链条的较高层次上。虽然目的不变，但复杂程度有所不同。情绪本身肯定比反射更复杂；而引发的刺激和反应的目标也各不相同。产生情绪过程的具体情境和它们的具体目标也各不相同。

例如，饥饿和口渴是简单的冲动。造成这一现象的原因通常是内在的，对生存至关重要的东西，即可利用的来自食物的能量和水减少。但是接下来的行为则是指向环境的，涉及搜寻丢失的东西，这种搜寻包括对周围环境的探索活动和对被搜索物体的感觉检测。这与情绪本身，如恐惧或愤怒中所发生的并没有什么不同。在那里也有一个能激起适应行为的例行程序。但相对于恐惧和愤怒，能激起适应行为的客观对象几乎都是外在的（即使它们是从我们脑中的记忆中和想象中变出来的，它们也往往代表外部物体），而且在结构上是多种多样的（许多种类的物理刺激，无论是进化上设定的，还是联想上习得的，都能引起恐惧）。饥饿和口渴的最常见诱因往往是内在的（尽管我们可能会因为观看一部角色们在吃喝玩乐的法国电影而感到饥饿或口渴）。另外，一些驱力，至少在非人类中，是周期性的，受季节和生理周期的限制，例如性，而情绪则随时发生，并可以持续一段时间。

我们也发现了不同种类调控反应之间有趣的相互作用。情绪本身能影响欲望，反之亦然。例如，恐惧情绪能抑制饥饿和性欲，悲伤和厌恶同样如此。相反，快乐能同时促进饥饿感和性欲。例如，饥饿、口渴和性的满足能带来快乐，但是妨碍这些欲望的满足会导致愤怒、绝望或悲伤。此外，如前所述，适应性反应日常展现的成分，如内稳态调节和驱力，构成了持续的背景情绪，并有助于在较长的时间内确定一种心境。然而，当你深入地考虑这些不同程度的调控反应时，你会讶异于它们在形式上具有惊人的相似性[20]。

据我们所知，大多数为生存而进化出情绪的生物，没有更多的脑装置来感受这些情绪，就像它们一开始并没有想到会拥有这些情绪一样。它们能察觉环境中某些刺激物的存在，并对其产生情绪反应。他们仅有一个简单的感知装置，即用来感知引发情绪的刺激和具有表达情绪的能力的触角。大多数生物都会行动。他们可能不会像我们一样去感觉，更不用说像我们一样去思考。当然，这只是一个假设，但在下一章讲到"体验感受需要什么"的观点时，我们将证实它。低等生物缺乏必要的脑结构，无法以感觉映射的形式，描述当情绪反应发生时身体发生的变化以及由此产生的感受。它们也缺乏必要的脑结构来模拟预期的身体变化，这可能会构成欲望或焦虑的基础。

很明显，上面讨论的调控反应对表现出这些反应的有机体是有利的，而引起这些反应的原因——引发它们的对象或情况，可以根据它们对生存或幸福的影响来判断它们是"好"还是"坏"。但很明显，草履虫、苍蝇或松鼠不知道这些情境的好坏，更不用说考虑为趋利避害而采取行动了。当我们平衡体内环境的酸碱度或带着快乐或恐惧对我们周围的某些事物做出反应时，我们人类也并不是在追求有利的一面。我们的有机体自然而然地会倾向于一个"好"的结果，有时是直接的，如对快乐的反应，有时是间接的，如对恐惧的反应，但我们首先的反应都是避免"不幸"，然后是产生"好结果"。我想说的是，我将在第 4 章中回到这一点，即有机体可以产生有利的反应并导致好的结果，而无须去决定是否产生这些反应，甚至无须感觉到这些反应的进行。而且从这些反应的组成可以明显看出，当它们发生时，有机体在一段时间内朝着或多或少的生理平衡状态移动。

我有资格向人类表示祝贺，有两个原因。首先，在类似的情况下，这些反应会自动在人类机体中创造条件，这些条件一旦在神经系统中映射出来，就可以表现为快乐或痛苦，最终被称为感受。我们不妨认为这就是人类荣耀和悲剧的真正根源。现在来看第二个原因。我们人类，能意识到某些客观事物和某些情绪之间的关系，至少在某种程度上可以有意识地努力控制情绪。我们可以决定允许哪些对象和情境进入我们的环境，而哪些对象和情境会浪费我们的时间和精力。例如，我们可以决定不看商业电视剧，并主张将其赶出聪明人的家庭。正如斯宾诺莎所希望的那样，我们通过控制自己与引发情绪的对象之间的相互作用，实际上就是在对生命过程施加控制，并引导有机体更为和谐或更不和谐。实际上，我们超越了情绪机制的专横性和盲目性。奇怪的是，人类在很久以前就发现了这种可能性，但他们并不是十分了解自己所使用策略的生理基础。这就是我们在选择阅读内容或交友对象时所做的。这是人类几百年来一直在做的事情，他们遵循的社会规则和宗教观念实际上改变了环境以及我们与环境的关系。这就是当我们对待所有促使我们运动和健康饮食的生活计划时，我们企图做的事情。

说包括情绪在内的调控反应都是致命的和不可避免的刻板反应是不准确的。一些"低级"反应确实是且应该是刻板反应，当涉及调节心脏功能或逃避危险时，人们不希望干涉自然界的智慧。但是"高级"的反应在一定程度上是可以改变的。我们能控制自己对于引发反应的刺激的暴露程度。我们可以终生学习如何"制动"这些反应。有时，我们也可以只用纯粹的意志力直接说不。

一个定义形式的假设

考虑到各种各样的情绪，我现在可以以定义的形式提供一个关于情绪的恰当有效的假设。

1. 情绪本身，如快乐、悲伤、尴尬或同情，是形成独特模式的化学反应和神经反应的复杂集合。

2. 当正常脑感知到情绪刺激物（ECS）时，这种反应就产生了。情绪刺激物无论是客体还是事件，是实际出现的还是想象和回忆中的，都会引发情绪。这是一种自动的反应。

3. 脑在进化过程中就具备了以特定的动作对特定的情绪刺激物做出反应的能力。然而，情绪刺激物并不局限于进化中出现的那些。它还包括许多在生命历程中学习到的其他经验。

4. 这些反应的直接结果是身体自身状态的暂时改变，以及映射身体和支持思维的脑结构的状态的改变。

5. 反应的最终结果，是直接或间接地将有机体置于更有利于生存和幸福的环境中。[21]

尽管反应过程各阶段的划分以及与这些阶段相对应的权重可能看起来并不符合常规，但此定义包含了情绪反应的经典成分。这一过程从评估阶段开始，以发现能产生情绪的刺激开始。我的研究重点在于感知到刺激之后，心理过程中会发生什么，即评估阶段的尾声。出于明显的原因，我也将情绪－感受循环的下一个阶段即感受，排除在情绪本身的定义之外。

可能有人会说，为了功能的纯粹性，评估阶段应该被排除在外，因为评估是导致情绪的过程，而不是情绪本身。但是，彻底删除评估阶段将会模糊而不是阐明情绪的真正价值——能激发情绪的刺激和一系列反应之间的智能联系，可以极大地改变我们的身体功能和思维。如果不进行评估，那么对情绪现象的生物学描述就会容易受到质疑，即认为没有评估阶段的情绪是毫无意义的事件。我们将更难以看到情绪是多么美丽、多么令人惊叹的智慧，以及它们能多么有力地为我们解决问题。[22]

情绪的脑机制

情绪为脑和心智提供了一种自然的手段来评估有机体内部和周围的环境，并做出相应的和适应性的反应。事实上，在很多情况下，我们会运用"评估"的恰当含义去有意识地评估引起情绪的对象。我们不仅处理这个对象的存在，而且处理它与其他对象的关系，以及它与过去的联系。在这种情况下，情绪器官会自然地进行评估，而意识与心智的器官则会协同评估。我们甚至可以调节我们的情绪反应。实际上，我们教育发展的一个关键目的就是在激发情绪的客观对象和情绪反应之间插入一个非自动的评估步骤。我们试图通过这样做来塑造我们自然的情绪反应，并使它们符合特定文化的要求。所有这些都是正确的，但我想在这里说的是，为了产生情绪，我们没有必要有意识地去分析客观对象，更不用说去评估情绪产生的情境了。情绪可以在不同的情境中发挥作用。

即使情绪反应在没有意识到能激发情绪的刺激的情况下发生了，情绪仍然意味着有机体对情境的评估结果。不要介意自己没能清楚地了解评估。不知何故，"评估"这个概念被太过字面化地解读了，以至于不能表征有意识的评估，似乎评估一种情境并自动做出反应的出色工作，只是一项微小的生物学成就。

人类发展史的一个主要方面，涉及围绕我们脑的多数对象是如何能有意识或无意识地触发某种形式的情绪的，无论这种情绪是强是弱，是好是坏。其中一些触发因素是由进化决定的，但有些则不是，而是依靠我们的个人经历使我们的脑与能产生情绪的事物相关联。想想这座房子，你小时候可能对其有过强烈的恐惧。当你今天再次进入这座房子时，你可能会感到不舒服，但这种不舒服没有任何原因，只是很早以前你在同样的环境中体会过强烈的负面情绪。甚至在另一个不同但有点相似的房子里，你也可能会同样感到不适，同样的，除了你能感知到脑对类似事物和情境的记录外，并没有其他的原因。

在你的脑中，没有任何基本结构会生来就对特定类型的房子产生不愉快的反应。但是你的生活经历已经让你的脑把这样的房子和曾经的不愉快联系在了一起。不用担心，不愉快的原因与房子本身没有关系。姑且把它叫作联想负罪感吧。这房子只是一个无辜的旁观者。你已经习惯于在某些房子里感到不舒服，甚至可能在不明原因的情况下讨厌某些房子。或者是你在某些房子里感觉良好，这也完全是借助了同样的机制。我们许多完全正常和普遍的好恶就是这样产生的。但是请注意，恐惧，它既不正常也不平庸，也可以通过同样的机制产生。无论如何，当我们到了可以写书的年纪时，世界上就几乎不存在情绪中立的东西了。对象之间在激发情绪上的差别是程度上的：有些对象能唤起微弱的、难以察觉的情绪反应，而有些对象则会引起强烈的情绪反应，在这两者之间还存在着其他程度的差异。我们甚至开始揭示情绪学习发生所必需的分子和细胞机制。[23]

复杂的有机体也学会根据个体的情况来调节情绪的执行——这里用"评价"和"评估"这两个词是最恰当的。情绪调节装置可以在无须有机体思考的情况下调节情绪表达的强度。举个简单的例子：当你把同一个有趣的故事讲第二遍后，你的微笑或大笑会因当时的社交情境而有所不同，如社交晚宴、走廊上的邂逅、与亲密的朋友共进感恩节晚餐，等等。如果你的父母做得很好，你就不需要考虑情绪了。调节是自动的，然而，某些调节装置确实反映了有机体对自身的判断，并可能使其试图改变甚至抑制情绪。出于从体面到卑劣的种种原因，你可能会选择隐瞒对同事或正与你谈判的人刚刚发表的言论的厌恶或喜欢。对情境的了解和对自己行为各方面的未来后果的意识，会有助于你决定是否抑制情绪的自然表达。但随着年龄的增长，请尽量避免使用它。这非常消耗能量。

能激发情绪的对象可以是真实的，也可以是从记忆中唤起的。我们已经看到了无意识的条件记忆是如何激发当前的情绪的。但记忆也可以产生同样的效果。例如，当你回忆起几年前吓坏你的未遂事故时，你会再次受到惊吓。无论是作为一个新生成的表象，还是作为一个从记忆中唤起的重现表象，其效果都是一样的。如果刺激能激发情绪，那么情绪就会产生，只是强度不同而已。各种各样受过教育的演员都依靠这种所谓的情绪记忆来谋生。在某些情况下，他们会按记忆的引导来表现情绪。在其他情况下，他们会让记忆潜移默化地渗透到表演中，让自己能按照特定的方式行事。我们一向善于观察的斯宾诺莎也没有忘记这一点："一个人会因过去或未来事物的表象而感受到强烈的愉快或痛苦，就像受到当前事物的表象所影响那样。"（《伦理学》第三部分，命题 28）

情绪的激发和执行

情绪的出现取决于一系列复杂事件的连锁反应。以下是我的看法。这个连锁反应始于能激发情绪的刺激物的出现。刺激物，即一个实际出现或从记忆中唤起的对象或情境，会浮现在脑海中。想想你在阿拉斯加旅行中遇到的那只熊（这是为了表达对威廉·詹姆斯的敬意，他在看到这只熊后就开始讨论恐惧），或者想想即将与你思念的人见面。

用神经学的术语来说，与能引发情绪的对象相关的表象必须在脑的一个或多个感觉处理系统中表现出来，比如视觉或听觉区域。我们把这个过程称为呈现阶段。不管呈现的时间有多短，与刺激物有关的信号都能被脑中其他触发情绪的部位利用。你可以将这些部位看作是一把锁，只有合适的钥匙才能将其打开。当然，能激发情绪的刺激物是关键。值得注意的是，它们选择了一个已经存在的锁，而不是指导脑如何创建一个锁。这些触发情绪的部位随后会激活脑的许多其他情绪执行部位。后者是在身体和支持情绪－感受过每个事物为保持其存在而付出的努力，只不过是事物的实际本质。

斯宾诺莎说
LOOKING
FOR
SPINOZA

Joy, Sorrow, and the Feeling Brain

程的脑区中产生情绪状态的直接原因。最终，这个过程可能会起效并放大这种效果，或者渐渐减弱并消失。用神经解剖学和神经生理学的术语来说，这一过程是这样开始的：特定结构的神经信号（产生于视觉皮层，而视觉皮层中的神经模式与危险物体的快速接近相对应）沿着几条通路平行地传递到脑的几个结构。一些受体结构，例如杏仁核，当它们"检测"到某个特定的结构时，即当钥匙与锁相吻合时，就会变得活跃起来，并向脑的其他区域发出信号，从而引发一连串将构成情绪的事件。

这些描述听起来很像抗原（例如病毒）进入血液并导致免疫反应（包括大量能够中和抗原的抗体）的过程。而且它们之所以能如此，是因为两个过程在形式上是相似的。**就情绪而言，"抗原"是通过感觉系统呈现的，而"抗体"是情绪反应。**这种"选择"是在几个准备触发情绪的脑区之一进行的。两个过程发生的条件是类似的，且大体情况相同，结果也是有益的。如果自然能成功地解决问题，那它就不那么富有创造力了。一旦成功运行，它就会一次又一次地尝试。要是好莱坞制片人也是如此就好了，那么他拍续集总是能赚钱的。

现在被确认为是触发情绪的部位的脑区有：位于颞叶深处的杏仁核；额叶的一部分，被称为腹内侧前额叶皮层的一部分额叶；以及另一个位于辅助运动区和扣带区的一片额叶区域（见图 2-4）。它们不是仅有的触发点，但迄今为止，它们是人们最了解的部分。这些"触发"位点既对自然刺激（支持我们脑海中的表象的电化学模式）做出反应，也对非自然刺激（比如对脑施加的电流）做出反应。虽然这些刺激位点一次又一次地传递着同一固定模式的东西，但我们不能认为它们是死板的，因为许多影响都可以调节其活动。同样的，头脑中的简单表象以及对脑结构的直接刺激都可以做到这一点。

对动物杏仁核的研究已经取得了重要的新发现，最著名的就是约瑟夫·勒杜（Joseph LeDoux）的研究。现代脑成像技术也使研究人类杏仁核成为可能，正如拉尔夫·阿道夫（Ralph Adolphs）和雷蒙德·多兰（Raymond Dolan）的研究中显示的那样[24]。这些研究表明，杏仁核是视觉和听觉的情绪刺激和情绪激发之间的重要接口，恐惧和愤怒尤其如此。杏仁核受损的精神病患者不能激发这些情绪，因此也没有相应的感觉。至少在正常的环境下，对于视觉和听觉触发器而言，恐惧和愤怒的锁不见了。最近的研究还表明，当直接对人类杏仁核的单一神经元进行记录时，发现大部分神经元会被调整，以对不愉快的刺激而非愉快的刺激做出反应[25]。

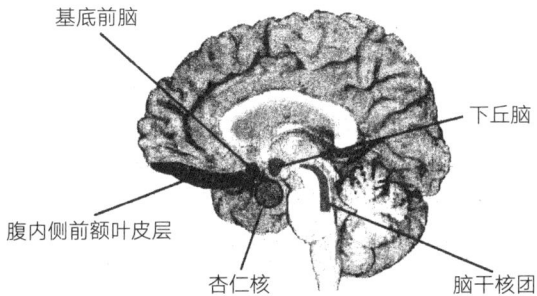

图 2-4　情绪的脑激发和执行部位的简略图

当脑中其他部位的活动激发这些部位中的某一区域产生活动时，就能激发多种情绪。例如，在杏仁核或腹内侧前额叶皮层，没有一个激发部位能单独产生一种情绪。因为产生一种情绪时，一个激发部位必须要引起其他激发部位的相应活动，如在基底前脑、下丘脑或脑干核团。就像其他任何形式的复杂行为一样，情绪的产生源于脑系统中多个部位的共同参与。

奇怪的是，无论我们是否意识到了情绪刺激，正常的杏仁核都会执行一些触发功能。杏仁核能无意识地感知情绪刺激的证据首先来自保罗·惠伦（Paul Whalen）的研究。当他向完全不知道自己所见的正常人迅速地呈现这些刺激时，脑部扫描显示杏仁核被激活了[26]。阿尼·奥曼（Arnie Ohman）和雷蒙德·多兰最近的研究表明，正常的被试可以在不知不觉中学习到与不愉快的事件有关的某种刺激而非另一种刺激（如一张特定的愤怒面孔而不是另一张愤怒面孔）。与不良事件相关的隐含的面部表征会促使右侧杏仁核被激活，但换成另一张面孔则没有[27]。

一项令人印象深刻的发现表明，在选择性注意之前，人们会很快发现能激发情绪的刺激物：在枕叶或顶叶受损后会导致视觉的一个盲区（或由于疏忽而无法感知到刺激的一个视觉区），能激发情绪的刺激（例如生气或高兴的面孔）仍然能"突破"失明或疏忽的障碍，且确实能被检测到[28]。情绪触发机制能捕捉到这些刺激，是因为它们绕过了正常的处理通道，即可能导致认知评估的通道，但只是由于失明或疏忽而无法做到这一点。这种"绕道"的生物学安排的价值是显而易见的：无论一个人是否注意到了，能激发情绪的刺激物都可以被感知到。而随后，注意力和适当的思考就会转移到这些刺激上。

另一个重要的触发部位在额叶，尤其是腹内侧前额叶区域。这个区域适合检测更为复杂刺激的情绪意义，例如，先天的或后天的能引发社会情绪的对象和情境。目睹别人的事故引发的同情，以及因个人损失引发的悲伤，都需要这个区域的调节。许多在个人生活经历中获得的具有情绪意义的刺激，如房子成为不愉快来源的例子中所谈的，都通过这个区域来激发各自的情绪。

我和我的同事安托万·贝查拉（Antoine Bechara）、汉娜·达马西奥（Hanna Damasio）和丹尼尔·特拉内尔（Daniel Tranel）已经证明，当能产生情绪的刺激在本质上是社会性的，或当适应性的反应是诸如尴尬、内疚或绝望的社会情绪时，额叶的损伤会改变其产生情绪的能力。这种损伤会损害正常的社会行为[29]。

在我们小组最近的一系列研究中，拉尔夫·阿道夫已经表明，脑腹内侧前额叶区域的神经元对图片中令人愉快或不愉快的情绪内容做出了迅速而不同的反应。正在接受癫痫手术治疗评估的神经系统疾病患者，其腹内侧前额叶区域的单细胞记录显示，该区域的大量神经元，尤其是右侧额叶区域的神经元会对能引发不愉快情绪的图片做出显著反应。它们在刺激出现后的 120 毫秒内开始反应。首先，它们会中止自发的放电模式；然后，经过一段安静的间隔，它们会更强烈、更频繁地放电。很少有神经元能对引发愉悦情绪的图片做出反应，而且这种反应没有令人不愉快的调整神经元的"启动和终止"模式[30]。左右脑的不对称性比我预测的更为极端，但这与理查德·戴维森（Richard Davidson）在几年前提出的看法相符合。根据在正常人身上进行的脑电图研究，戴维森认为右侧额叶皮层比左侧皮层更容易产生负面情绪。

为了创造一种情绪状态，触发部位的活动必须通过神经连接传入执行部位。到目前为止，确定的情绪执行部位包括下丘脑、基底前脑和脑干被盖中的一些核团。下丘脑是许多化学反应的主要执行者，这些反应是情绪的重要组成部分。它会通过垂体或直接释放化学分子进入血液中，从而改变内部环境、内脏功能和中枢神经系统本身的功能。例如，催产素和抗利尿激素，这两种多肽，都是在垂体后叶的帮助下，由下丘脑控制而释放的分子。许多情绪行为（如依恋和养育）都依赖于控制行为执行的脑结构对激素的及时利用。同样地，脑内局部可利用的分子，如多巴胺和血清素，能调节神经活动，并导致特定行为的发生。例如，体验到的奖赏和愉悦行为似乎取决于一个特定区域（脑干的被盖区）对多巴胺的释放，以及另一个区域（基底前脑的伏隔核）对其的利用。简而言之，基底前脑和下丘脑核团、脑干被盖区的一些核团以及控制面部、舌头和咽喉运动的脑区是许多行为的最终执行者，这些行为既可以说简单，也可以说复杂，涉及了从求爱和逃跑到欢笑和哭泣的种种情绪。我们所观察到的复杂的行为是这些核团活动精细协调的结果，它们以良好有序、协调一致的协作促进了部分执行，雅克·潘克塞普（Jaak Panksepp）终生致力于对此执行过程的研究[31]。

在所有的情绪中，一系列的神经和化学反应会在一定时期内以特定的方式改变内部环境、内脏和骨骼肌肉系统。面部表情、发音、身体姿势和特定的行为模式（跑步、冻僵、求爱或养育）都是这样形成的。体内的化学物质以及心肺等脏器也能起到帮助作用。情绪都是关于转换和扰动的，有时候则是真正的身体上的剧变。在一组平行指令中，支持表象生成的脑结构和注意力也会发生变化，结果，大脑皮层的一些区域似乎不那么活跃，而另一些区域则变得特别活跃。

在图 2-5 这个简单的图中，表现了一个在视觉上呈现的威胁性刺激是如何引发恐惧情绪并导致其执行的。

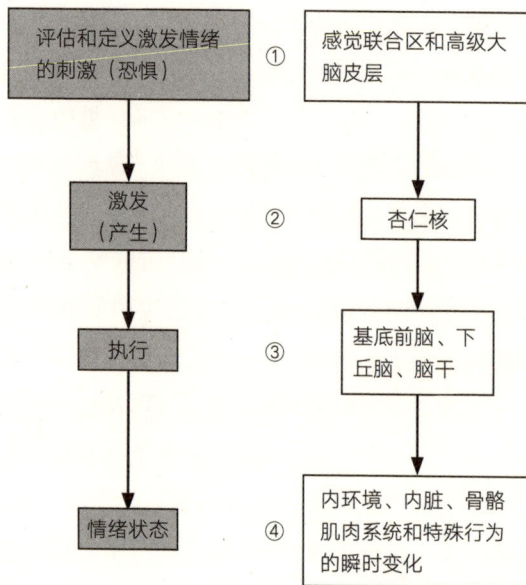

图 2-5 以恐惧为例说明激发和执行一种情绪的主要阶段示意图

左边一列的方框（①～③）从评估和定义激发情绪的刺激到最终产生恐惧的情绪状态，显示了此过程的各个阶段。右边一列的方框则显示了与每一阶段的出现对应的必需的脑结构（①～③）和一系列事件的生理结果（④）。

为了给情绪和感受的过程提供一个可操作的描述，我将它们简化为一条事件链，始于单一的刺激，结束于建立与刺激相关的感受基础。在现实中，可以预期的是，这一过程会横向扩展成平行的事件链，并自我放大。这是因为最初能激发情绪的刺激的存在往往会导致对其他也能激发情绪的相关刺激的回忆。随着时间的推移，额外的能激发情绪的刺激可能会维持对相同情绪的触发，也可以对其进行改变，甚至引发互相冲突的情绪。相对于最初的刺激，情绪状态的持续性和强度会因此取决于正在进行的认知过程。我们头脑中的内容要么会为情绪反应提供进一步的触发因素，要么会消除这些触发因素，其结果要么是维持甚至放大了情绪，要么是减弱了情绪。

情绪的处理涉及双重路径：引发情绪反应的心理内容的流动，以及构成情绪的执行反应本身，这些反应最终会导致感受的产生。这一链条从情绪的触发开始，到情绪的执行，并一直持续到在适当的大脑体感区域建立感受基础。

奇怪的是，当这一过程聚集形成感受的阶段时，我们又回到了心理领域内，即回到了正常情况下整个情绪通路开始的思维流动中。感受和触发情绪的对象或事件一样，都是心理上的。使感受作为心理现象与众不同的是它们特殊的起源和内容，有机体的身体状态，实际的或在大脑体感区域的映射。

突如其来

最近，一些神经病学研究让我们更深入地了解了控制情绪执行的机制。其中，一个最有说服力的观察来自一位正接受帕金森治疗的 65 岁妇女。此前没有任何迹象表明，在试图缓解她症状的过程中，我们能窥见情绪是如何产生的，以及情绪是如何与感受相连的。

帕金森是一种常见的神经系统疾病，它会损害人们正常的运动能力。它不会导致瘫痪，但会导致肌肉僵硬、发抖，以及最重要的失动症，即难以启动运动。运动通常是缓慢的，这种症状被称为运动迟缓。这种疾病以往是无法治愈的，但在过去的 30 年里，通过使用一种含有左旋多巴的药物（一种神经递质多巴胺的化学前体），已经有可能缓解这种症状。帕金森患者的某些大脑回路中缺少多巴胺，就像糖尿病患者血液中缺少胰岛素一样。帕金森患者在黑质致密区域产生多巴胺的神经元死亡了，而在另一个脑区基底神经节内，多巴胺不再可用。不幸的是，旨在增加大脑回路中缺失的多巴胺的药物并不能帮助所有患者。此外，对得到帮助的患者来说，药物可能会随着时间的推移而失去效力，或会引起其他的运动障碍，其致残程度不亚于疾病。因此，在正在开发的其他几种治疗方式中，有一种似乎特别有希望。这项技术包括在帕金森患者的脑干中植入微型电极，以便通过低强度、高频率的电流来改变一些运动核团的运作方式。这一治疗方式的结果往往是惊人的。当电流通过时，症状就神奇地消失了。这些病人可以精确地移动他们的手，行走也很正常，以至于陌生人可能无法分辨出他们之前出了什么问题。

电极触点阵列的精确放置是治疗成功的关键。为了做到这一点，外科医生会使用立体定位装置（一种可以在三维空间定位脑结构的精密仪器），并小心地引导电极进入脑干的中脑部分。有两个长且互相垂直的电极，一个用于脑干左侧，另一个用于右侧，每个电极有四个触点。触点之间的距离约为两毫米，每个触点都能独立地被通过的电流刺激。通过尝试刺激每个触点部位，医生可以确定哪种接触能产生最大程度的改善，而不会出现不必要的症状。

我下面要告诉你一个有趣的故事，是关于我的同事伊夫·阿吉德（Yves Agid）和他的团队在巴黎萨尔皮特里医院研究的一位病人。患者是一位 65 岁的女性，有帕金森长期病史，对左旋多巴已无反应。她在发病前后没有抑郁症病史，甚至没有经历过左旋多巴常见的副作用——情绪变化。无论是她个人还是家庭都没有精神病史。

在电极就位后，最初的治疗过程与同组的其他 19 名患者相同。医生们发现，有一个电极接触点大大缓解了这位妇女的症状。但令人意想不到的是，电流通过了病人左侧四个接触点中的一个，而这个接触点恰好比改善病人病情的接触点低两毫米，此时病人突然停止了正在进行的谈话，眼睛瞥向右侧，然后身体微微向右倾斜，流露出悲伤的情绪。几秒钟后，她突然哭了。她的泪水夺眶而出，整个人的举止都极其痛苦。不久，她就啜泣起来。随着这种表现的继续，她开始说到她感到多么悲伤，她是如何没有精力继续这样的生活，她有多么绝望和疲惫。当被问及发生了什么事时，她的话很能说明问题：

> 我在我的头脑中已经倒下了，我不再希望活着，不再希望看到什么、听到什么、感觉到什么……
>
> 我受够了生活，我受够了……我不想再活下去了，我厌倦了生活……
>
> 一切都是无济于事的……我觉得我一文不值。
>
> 我害怕这个世界。
>
> 我想躲在角落里……当然了，我在为自己哭泣……我没救了，为什么我还要来麻烦你们？

负责治疗的医生意识到这一不寻常的事件是由电流引起的，因此中止了治疗过程。电流中断约 90 秒后，患者的行为恢复正常。啜泣声戛然而止，和开始时一样突然。病人脸上的悲伤消失了。言语里的悲伤也停止了。她很快地笑了笑，显得很放松，在接下来的五分钟里，她变得幽默，甚至开起了玩笑。"这到底是怎么回事？"她问道。她觉得很难受，但不知道为什么。

是什么引起了她无法控制的绝望？她和观察者一样困惑。

然而，她的问题的答案已经很清楚了。电流并没有像预期的那样进入一般的运动控制结构，而是进入了控制特定动作类型的脑干核团。这些动作作为一个整体，会产生悲伤的情绪。这些动作包括了面部肌肉组织的运动；哭泣和啜泣所必需的嘴、咽、喉和横膈膜的运动；以及导致眼泪产生和止住的各种动作。

值得注意的是，似乎脑内对外部做出反应的开关被打开了。这一整套动作都像是在一场精心排练的器乐音乐会中进行的，每一步都有其自己的时间和定位，所以效果似乎表现为：无论出于什么目的，都有能够引发悲伤的想法，即能激发情绪的刺激存在。当然，在意外事件发生之前，病人没有这种想法，病人甚至也不容易自发地产生这样的想法。与情绪有关的想法是在情绪开始后才会出现。

哈姆雷特也许会对演员在没有个人原因的情况下仍然能够唤起情绪的能力感到惊讶。"这难道不是很奇怪吗？这位演员能迫使自己的灵魂与幻想相应，使其处于虚构的小说中，处于充满激情的梦境中，由此他本来的面部表情消失了，眼中含着泪水，声音支离破碎，整个形式与幻想相应。"无论这位演员是多么情绪高涨，他也没有在其中掺杂个人原因，他只是在讲述一位叫赫库巴的人的遭遇，就像哈姆雷特所说，"赫库巴对他而言是什么，他对赫库巴而言又是什么？"然而，这位演员确实在一开始就在脑海中产生了悲伤的想法，而正是这种悲伤才触发了情绪，帮他用自己的艺术演绎出来。但是在这个奇怪的病例中却并非如此。在病人的情绪出现前，并没有"想法"产生。她没有产生任何能引发行为的想法，也没有任何令人烦躁的想法在其脑海中自然而然地出现，也没有人要求她产生这些想法。悲伤的产生，无论多么复杂，都是无缘无故的。重要的是，在悲伤平息并继续原来的过程后，病人开始会有悲伤的感觉。而且，同样重要的是，在她报告感到悲伤后，她开始产生与悲伤一致的想法——担心健康状况、疲倦、对生活的失望、绝望以及想死的念头。

这位病人身上发生的一连串事件表明，悲伤的情绪是首先出现的，接着便是悲伤的感受，并伴随着常常会引起悲伤情绪的想法，我们通常将这种想法描述为"感到悲伤"的心理状态特征。一旦刺激停止，这些表现就会减弱，然后消失。情绪消失了，感受也就消失了。令人烦躁的念头也消失了。

这起罕见的神经系统事件的重要性显而易见。在正常情况下，情绪产生的速度与感受和相关想法的速度相差无几，使得我们很难分析这些现象的正确顺序。当通常能引发情绪的想法出现在脑中时会引起情绪，从而产生感受，而情绪又会唤起与该主题相关的其他想法，并可能加强这种情绪状态。被激发出来的想法甚至可以作为额外情绪的独立触发器，从而持续增强正在进行的情绪状态。更多的情绪会产生更多的感受，并且这种循环会一直持续到有令人分心的事物出现或用理智使其结束为止。当可以引发情绪的想法、情绪行为、我们称为感受的心理现象，以及由感受而产生的想法等所有这些现象都全面展开的时候，是很难通过内省来辨别什么是先出现的。这个女人的例子帮助我们弄清了这一混淆的事实。在产生悲伤的情绪前，她没有能引发悲伤的想法或任何悲伤的感受。这一证据既说明了情绪神经触发机制的相对自主性，也说明了感受对情绪的依赖性。

在这一点上，可能有人会问：考虑到这种情绪和感受并不是由适当的刺激所激发的，那为什么这位病人的脑会唤起通常会引发悲伤的想法呢？答案与感受对情绪的依赖和个人有趣记忆的方式有关。当悲伤情绪被调动起来时，悲伤感就会随之而来。在短时间内，人脑能产生引起悲伤情绪和悲伤感受的想法。这是因为联想学习在一个丰富的双向网络中将情绪和想法联系在一起。某些想法会引发某些情绪，反之亦然。加工过程中的认知和情绪水平的处理就是以这种方式持续联系的。保罗·埃克曼（Paul Ekman）和他的同事在一项研究中通过实验证明了这种效应。他要求被试按一定的顺序调动面部特定肌肉，以便使被试在不知情的情况下做出快乐、悲伤或恐惧的表情。而被试确实不知道他们脸上是什么表情。在他们的头脑中，没有任何想法能引发指令所描绘的情绪。然而，被试开始感受到与面部所表现的情绪相适应的感受体验[32]。毫无疑问，某些情绪模式是最先出现的。它们都是在实验者的控制下产生的，而不是被试自己激发的，但此后他们也有了一些感受。所有这些都符合罗杰斯和汉默斯坦的智慧。记得他们让安娜（她来暹罗教国王的孩子们）告诉受惊吓的自己和儿子，吹一个愉快的口哨会把恐惧变成自信："这种'骗术'的结果说来很奇怪。因为当我愚弄了我害怕的人时，我也愚弄了我自己。"无心理动力和"动作型"的情绪表达能带来感受。这些表情让人联想到与这些情绪表达相辅相成的感受和各种想法。

从主观的角度来看，这位病人在"零左"电极被激活后的状态有点类似于我们发现自己意识到了情绪和感受，却找不到原因的情况。**有多少次，在某天的某个时刻，我们感觉自己特别好，充满能量和希望；或者恰恰相反，感到忧郁不安，但却不知道原因。在这些情况下，很可能是我们正在意识领域之外处理令人不安或充满希望的想法。**尽管如此，它们还是能够触发情绪机制，进而触发感受机制。有时我们会意识到这些情绪状态的根源，有时则不会。在 20 世纪的大部分时间里，许多人都跑到精神分析学家的诊察台上，去寻找更多关于无意识的想法，以及引发这些想法的无意识冲突。如今，许多人只是接受了这样一个事实：在我们的头脑中，有许多不为人知的想法，比哈姆雷特的朋友霍雷肖在其哲学中所提及的还要多。当我们无法确定引发情绪的想法时，我们就会被无法解释的情绪和感受所困扰。幸运的是，这些情绪和感受没有那么强烈和突兀。

负责照料这位病人的医生和研究人员进一步调查了这一不寻常的病例[33]。对植入同一病人体内的其他电极接触点进行刺激并没有引起任何意外，如上所述，在其他 19 名接受同样治疗的患者中，没有出现这种反应。在另外两种情况下，在征得病人同意后，医生确认了以下事实：首先，他们告诉病人刺激的是有问题的电极接触点，但实际上只是点击了另一个电极的开关，而没有做出任何举动。他们没有发现异常，病人也没有报告有异常。其次，当有问题的接触点在毫无预兆的情况下再次打开时，病人们重现了与最初意外观察到的一系列事件相同的事件。电极的放置和电极的激活显然与这一现象的出现有关。

研究人员还在"零左"刺激激活后进行了一项功能成像研究（使用正电子发射断层扫描术）。该项研究的一个重要发现是右顶叶结构被明显激活，这个区域涉及身体状态的映射，特别是身体状态空间的映射。这种激活可能与激活电极期间不断报告身体状态的明显变化有关，包括掉进一个洞的感觉。

个案研究的科学价值总是有限的。其证据通常只是新的假设和探索的起点，而不是调查研究的终点。尽管如此，这个案例中的证据还是相当有价值的。它支持了情绪和感受过程可以通过成分来分析的观点。它还强化了认知神经科学的一个基本概念：任何复杂的心理功能都是由中枢神经系统不同层次上的多个脑区协同作用的结果，而不是根据颅相学的方式构想的单个脑区的工作。

脑干开关

目前还不清楚是哪个特定的脑干核团引发了这位病人的情绪反应。有问题的电极接触点似乎是直接作用于黑质上方，但电流本身可能也通过了附近的其他部位。脑干是中枢神经系统的一个非常小的区域，充满了参与不同功能的核团和神经回路。其中一些核团很小，解剖学上的微小变化就可能导致电流的显著改变。但毫无疑问，这一事件开始于中脑，并逐渐吸收了产生几种情绪成分所需的神经核团。从动物实验中收集到的信息来看，甚至有可能是在中脑导水管周围灰质（PAG）区域的核团参与了情绪的协调产生。例如，我们知道中脑导水管周围灰质的不同部分会参与产生不同种类的恐惧反应，这种反应最终导致战斗和逃跑行为，或者相反，导致因害怕而僵住。中脑导水管周围灰质可能也与悲伤反应有关。无论如何，在一个与情绪有关的中脑核团内，一连串事件开始迅速地影响到身体的广泛区域——脸部、发声器官、胸腔，更不用说那些无法被直接观察到的化学系统的活动了。这些变化导致了一种特定的感受状态。此外，当悲伤情绪和悲伤感受流露时，患者会回忆起与悲伤一致的想法。这一系列事件不是从大脑皮层开始的，而是从皮层下区域开始的。但其效果与想象或目睹悲剧事件产生的效果是相似的。任何处于现场的人都无法分辨这是否是一种完全自然的情绪－感受状态，一种由完美演员的技巧创造出来的情绪－感受状态，或是一种由电流开关启动的情绪－感受状态。

突如其来的欢笑

为了避免人们认为哭泣和悲伤有其独特之处，我必须补充一点，正如伊扎克·弗里德（Itzhak Fried）领导的一项研究所示，与我们刚才分析的案例相似的现象也可以是因为笑而产生的[34]。其背景是一名接受脑电刺激的患者，只是目的略有不同：进行大脑皮层功能的映射。为帮助对药物没有反应的癫痫病人，可能需要手术切除引起癫痫发作的脑区。然而，在手术前，外科医生不仅必须精确定位应切除的脑区，而且必须确定由于功能原因而不能切除的脑区，例如与语言相关的区域。这是通过脑电刺激并观察结果来实现的。

在患者 A.K. 的特殊案例中，当外科医生开始刺激左额叶的辅助运动区（SMA）时，他们注意到，在一些位置相近的部位进行持续且单一的电刺激时，能够诱发患者大笑。患者的笑声相当真切，以至于观察员们都形容它具有感染力。这是完全出乎意料的，病人没有被展示或告知任何有趣的事情，也没有任何可能使人快乐并导致大笑的想法。然而，那是一种完全没有动机但接近真实的笑声。值得注意的是，正如在哭泣的患者身上所观察到的那样，尽管笑并无动机，但笑过之后患者"会有一种高兴或欢笑的感觉"。同样有趣的是，笑的诱因可以是患者在受到刺激时所关注的任何物体。例如，如果给病人看一张马的图片，她会说："这匹马很有趣。"有时研究人员本身也被认为是一种具有激发情绪能力的刺激，就像这位患者总结的那样："你们这些家伙……站在旁边太好笑了。"

引发笑声的脑区很小，大约两厘米见方。而在附近的区域，刺激会引起众所周知的现象：要么是说话停止，要么是手部运动停止。然而，这样的刺激从未能引发大笑。此外，值得注意的是，当这位患者癫痫发作时，症状是不包括大笑的。

从前面描述的框架来看，我认为在本研究中确定的部位受到刺激会导致脑干核团的活动，从而产生大笑的运动模式。但无论是笑还是哭，准确的脑干核团和它们的活动顺序还没有被确定。综合这些研究，我们可以窥见情绪产生的多层神经机制。在处理了能激发情绪的刺激后，皮层部位可以通过触发其他部位（主要是皮层下部位）的活动来启动真正的情绪，而这些其他部位最终可以完成情绪的执行。在大笑的例子中，最初的触发部位似乎是在前额叶的背侧和内侧区域，如左额叶的辅助运动区和前扣带回皮层。在哭泣的例子中，关键的触发部位更有可能在腹内侧前额叶区域。而在大笑和哭泣中，主要的执行部位都位于脑干核团。顺便提一句，在大笑研究中发现的证据与我们对左额叶的辅助运动区和前扣带回受损患者的观察结果一致。我们发现，这类患者很难露出"自然"的笑容，即听到笑话时自然产生的微笑，他们只能露出喊"茄子"时那样的假笑。[35]

这里讨论的研究证实了情绪和感受过程中阶段和机制的可分性——评价/评估导致了能产生情绪的刺激、激发、执行机制和相应感受的分离。大笑的研究中涉及的人工电刺激自然地模仿了发笑成分刺激分离程序的神经结果，这要归功于支持加工这种刺激并将其投射到左额叶的辅助运动区的脑区与通路的活动。在自然的笑中，刺激来自内部；对于患者 A. K. 来说，刺激来自电极尖端。在哭泣的患者中，电刺激在稍后的阶段介入，在情绪执行机制的内部，至少离触发阶段有一步之遥。

欢笑与更多的哭泣

另一种神经系统的意外事件让我们再次得以窥见脑干中的情绪转换。这与被称为病理性的哭和笑有关。在神经病学的历史上，这个问题早已被认识到，但直到最近才有可能从脑解学剖和脑生理学的角度来理解它。我与约瑟夫·帕尔维兹（Josef Parvizi）和史蒂文·安德森（Steven Anderson）合作研究的病人 C.，为这个问题提供了一个完美的案例[36]。

最初对病人 C. 进行诊断的医生认为他是幸运的，因为他仅仅表现出影响脑干的轻微中风症状。有些脑干中风可能是致命的，且许多会使患者留下严重残疾。这种特殊的中风似乎对运动造成的影响较小，而且这些问题很有可能得到缓解。在这方面，C. 的情况符合预期。然而，一种既没有预料到也不容易处理的症状，让患者、家人和护理人员完全不知所措。病人 C. 会无缘无故地突然痛哭或大笑起来。不仅爆发的动机不明显，而且其情感价值可能与当时的情感基调截然相反。在一场关于他的健康或经济状况的严肃谈话中，C. 可能会笑得合不拢嘴。同样地，在非常琐碎的谈话中，C. 也可能会泣不成声，无法抑制这些反应。情绪的爆发可能接连不断，让 C. 几乎没有时间喘息，他没法控制自己，笑和哭都不是他真正的意愿，他的脑中没有任何想法能为这些奇怪的行为进行辩护。毋庸置疑，病人没有连接任何电流，也没有人打开他体内的开关。然而，结果是一样的。由于由脑干和小脑核团构成的神经系统的一个区域受损，C. 会在缺乏合适的精神缘由的情况下产生这些情绪，并发现自己很难控制它们。同样重要的是，C. 最终会感到有些悲伤或眩晕，尽管在这一爆发片段开始时他既不快乐也不悲伤，既不会有幸福也不会有烦恼的想法。再一次地，一种无动机的情绪引起了感受，并产生了与身体活动相一致的精神状态。

我们根据社交和认知环境来控制笑和哭的精细机制一直是个谜。对这位患者的研究解开了部分谜团，揭示了脑桥和小脑的核团似乎在控制机制中起着重要作用。随后对其他具有相同情况和类似病变的患者的研究证实了这一结论。你可以想象其控制机制是这样的：在脑干内，神经核团和神经通路系统可以被打开，从而产生典型的笑或哭。然后，小脑的另一个系统会调控笑和哭的基本装置。例如，可以通过改变笑和哭的阈限，以及改变某些组成部分运动的强度和持续时间等来实现。[37] 在正常情况下，该系统会受大脑皮层活动影响——大脑皮层的几个区域作为一个整体进行工作，并表征给每个特定的情境，在这个情境中，能产生情绪的刺激或多或少地引起各种形式的恰当的笑或哭。反过来，这个系统也可以影响大脑皮层本身。

病人 C. 的案例也提供了一个难得的机会，让我们得以窥见情绪发生之前的评估过程和我们一直考虑的情绪的实际执行之间的相互作用。评估过程可以调节随后的情绪状态，反过来，也会被情绪状态所调节。当评估和执行过程断开时，就像案例中的病人 C. 那样，可能会造成混乱的结果。

如果说前面的例子揭示了行为和心理过程对多成分系统的依赖性，那么这个例子则揭示了这些过程是如何依赖于这些成分之间复杂的相互作用的。我们远离了单一的"中心"，也就远离了神经通路单向工作的观点。

从活动的身体到心智

我们在这一章中讨论的现象，即情绪本身、欲望和简单的调节反应，都是在由进化设计而形成的先天聪慧的脑的引导下，发生在身体"剧场"里，以帮助管理身体的。斯宾诺莎凭直觉发现了与生俱来的神经生物学智慧，并将这种直觉浓缩于他关于努力的陈述中，即所有有机体都会努力地保护自己，却很少能意识到这一点，也没有决定作为个体本身去做任何事情。简而言之，他们不知道自己要解决的问题。当这种自然智慧的结果被映射回脑时，就会形成感受，即我们心智的基本组成部分。最终，正如我们将要看到的那样，感受可以引导各自努力地自我保护，并有助于个体选择应该进行的自我保护方式。感受为自动化情绪的有意控制打开了一扇大门。

进化似乎已经整合了脑的情绪和感受机制。首先是情绪机制，是对一个对象或事件产生反应的机制，指向的是这一对象或环境。其次是感受机制，是产生脑映射，以及随后指向有机体的反应和最终状态的心理表象、想法的机制。第一个设备——情绪，使有机体能够有效地但不是创造性地对一些对生命有利或有威胁的环境做出反应，面对"对生命有益"或"对生命有害"的环境，相应的"对生命有益"或"对生命有害"的结果就出现了。第二个设备——感受，引入了对好的或坏的环境的心理警觉，并通过持续影响注意力和记忆来延长情绪的影响。最终，在与过去的记忆、想象和推理的有效结合中，感受指引了预见的出现，并有可能创造出新颖的、非刻板的反应。

通常情况下，当添加新的设备时，大自然会以情绪机制为出发点，并修改一些其他组件。起初是情绪，而情绪之初则是动作。

LOOKING FOR

FOR

Joy, Sorrow,
and the Feeling Brain

SPINOZA

第 3 章　　**感受**

请你想象自己躺在沙滩上，傍晚的阳光轻轻地温暖着你的
皮肤，大海的波浪拍打着你的脚背，松针在你身后沙沙作
响……你一定感觉棒极了，而问题是，"感觉很好"具体包括
什么呢？

什么是感受

在试图去解释什么是感受前，我要先问读者一个问题：当你考虑到你所经历的任何一种感受时，无论愉快与否，强烈与否，你认为这种感受的内容是什么？请注意，我并不是在询问这种感受的原因，也不是在询问这种感受的强度，或这种感受是积极的还是消极的，或关于这种感受在你脑海中浮现的想法。我真正的意思是指心理层面的内容、成分和让人感受到的东西。

为了让这个思想实验得以进行，请让我提供一些建议：请你想象自己躺在沙滩上，傍晚的阳光轻轻地温暖着你的皮肤，大海的波浪拍打着你的脚背，松针在你身后沙沙作响，夏日的微风拂过，气温是温和的 25 摄氏度，万里无云。花些时间，仔细体会一下这种经历。我会假设你不觉得无聊，相反，而是像我的一个朋友喜欢说的那样，感觉很好，非常好，而问题是，"感觉很好"具体包括什么呢？以下是一些线索：也许你的皮肤感到温暖舒适。你的呼吸轻松自如，吸入与呼出都不受胸部或喉咙阻力的影响。你的肌肉非常放松，感受不到关节的拉力。你感受到身体非常轻盈，即使是接触到地面，却仿佛在空中。你可以对整个身体进行感知，并且可以感受到其机制运转平稳，没有故障，没有痛苦，简单而完美。你具有行动的能量，但是不知什么原因，你宁愿保持安静，这是行动能力和行动倾向与沉静感自相矛盾的结合。简而言之，身体在多个维度上感受不同。一些维度非常明显，你实际上可以确定它们的轨迹，而其他维度则难以捉摸。例如，你感受很好，没有痛苦，尽管现象的根源是身体及其运作，但感受是如此分散，以至于你很难准确描述自己身体中发生的事情。

不仅如此，刚刚描述的状态会导致一些心理上的后果。当你可以将注意力从当下的纯粹幸福感中移开时，如果你可以增强与身体不直接相关的心理表现，就会发现自己的思想中充满了想法，而这些想法的主题都是重新创造这样一波愉快的感受。这些你渴望体验的场景的画面如同愉快一般进入了你的内心，就像你过去经历过的十分享受的场景一样。另外，你发现自己的想法很不错，甚至是精妙绝伦的。你采用了一种思维模式，其中的表象具有清晰的焦点，并能够迅速而轻松地流动。所有良好感受会出现两个后果：带有与情感共鸣的主题思想，以及一种思维方式或者说心理加工风格，它们提高了表象生成的速度，并使表象更加丰富。正如华兹华斯在廷特恩修道院（Tintern Abbey）所做的那样，你"在血液中感受到的甜蜜感受，也能够在心脏中感受到"，并发现这些感受"甚至可以在平静的恢复中传递到（你的）纯净的心灵中"，"'身体'与'心灵'融为一体"。现在，所有冲突似乎都减轻了。现在，任何对立似乎都不那么尖锐了。

我要说的是，定义那些时刻的愉快感受，使该感受值得用与众不同的术语"感受"来形容，并且与任何其他想法都不同的原因，是部分身体或整个身体以某种方式运作的心理表征。从纯粹和狭义的意义上来说，感受是身体以某种方式存在的想法。在这个定义中，你可以用"思想"或"感知"代替想法。一旦你将目光移开了引起感受的物体，以及由此产生的思想和思维方式，感受的核心就成了焦点。它的内容包括表征身体的特定状态。

相同的评论将完全适用于悲伤感受，或者任何其他情绪的感受、食欲的感受，以及在有机体中展开的任何调节反应的感受。在本书所使用的意义上，感受是由各种内稳态反应引起的，而不仅仅是情绪本身。他们用心智的语言来翻译正在进行的生活状态。我猜测从简单到复杂的各种内稳态反应，都有独特的"身体方式"，也有独特的成因对象、独特的因果思想和辅助的思维方式。例如，悲伤伴随着较低的表象产生速度和对表象的过度专注，而不是快速的表象变化和短暂的注意力分散而带来的幸福感。感受就是感知，我认为对它们的感知的最必要的支持发生在脑的身体映射中。这些映射指的是身体的各个部位和身体的状态。愉快或痛苦的某种变化是我们称为感觉的感知的一致内容。

除了对身体的感知外，还具有与情感相辅相成的主题思想，以及对某种扭曲模式（一种心理加工方式）的感知。这种感知是如何产生的？它是由构建我们自己心理过程的元表征产生的，这是一种高级操作，其中一部分心智表征另一部分心智。这使我们能够认识一个事实，即随着人们对思想的关注增加或减少，思想会变慢或加快；或这样一个事实，思想在近距离或远距离描绘客体和事件。**因此，我的假设以一个临时定义的形式提出就是：感受就是对身体某种状态的感知，以及对某种思维方式和具有某些主题的思想的感知。** 当映射的详细信息的绝对积累达到某个阶段时，就会出现感受。从不同的角度来看，哲学家苏珊·兰格（Suzanne Langer）抓住了这一涌现时刻的本质，她说，当神经系统的某个部分的活动达到"临界高度"时，人们就会感受到这一过程。[1] 感受是持续的内稳态过程的结果，这是链条的下一个步骤。

将感受的本质（或将情绪和感受作为同义词使用时的情绪的本质）看作是与特定感受一致的特定主题的思想集合，这种观点与上述假设是不兼容的，例如人在悲伤的情况下产生的失去的想法。我相信后一种观点会绝望地清空感受的概念。如果感受仅仅是一些有特定主题的思想的集合，那么它们如何能与其他思想区分开来呢？它们将如何保留功能个性，证明其作为特殊思维过程的地位？我的观点是，感受在功能上是独特的，因为它们的本质是由代表身体参与反应过程的思想组成的。删除这个本质，感受的概念就消失了。删除该本质，就永远不能再说"我感到"快乐，而要说"我认为"快乐。但这提出了一个合理的问题：是什么使思想变得"快乐"？如果我们没有经历某种我们称为愉快的品质的身体状态，并且在我们生活的框架内发现"好的"和"积极的"，我们就没有理由把任何想法视为快乐或悲伤。

正如我所看到的，构成感受本质的感知的起源很清楚：存在一个通用的对象，即身体，并且该对象的许多部分连续映射到许多脑结构中。这些感知的内容也很清楚：由表征身体的映射根据一系列可能性来描绘不同的身体状态。例如，紧张肌肉的微观结构和宏观结构与放松的肌肉的内容不同。当心脏跳动得快或慢时，包括其他系统的功能（呼吸、消化）在内，其功能任务可以安静且和谐地进行，或者困难且不协调地进行。另一个例子，也许是最重要的例子是，血液中我们生命所依赖的某些化学分子的成分，在特定的脑区中，其浓度会时刻得到表征。正如脑的身体映射所描绘的那样，那些身体成分的特定状态是构成感受的感知内容。感受的直接基底是无数作为感受状态区域中的人体状态的映射，而这些区域旨在接收来自身体的信号。图 3-1 揭示了某种感受的路径中，身体信号与脑的关系。

可能有人会反对，因为我们似乎没有有意识地记录所有这些身体部位状态的感知。谢天谢地，我们的确没有全部记录。我们确实有一些很特别但并不愉快的体验，如心律失常、肠胃疼痛等。但是对于大多数其他成分，我假设我们以"复合"的形式体验它们。例如，某些内部环境化学的模式被记录为能量、疲劳或不适的背景感受。我们还经历了一系列行为改变，这些改变变成了食欲和渴望。显然，我们没有"体验"血糖水平降至其允许的下限阈值之下，但是我们其实很快就体验到了血糖下降的后果：做出某些举动（例如，食欲增加而进食）；肌肉不听从我们的命令；感到十分疲惫。

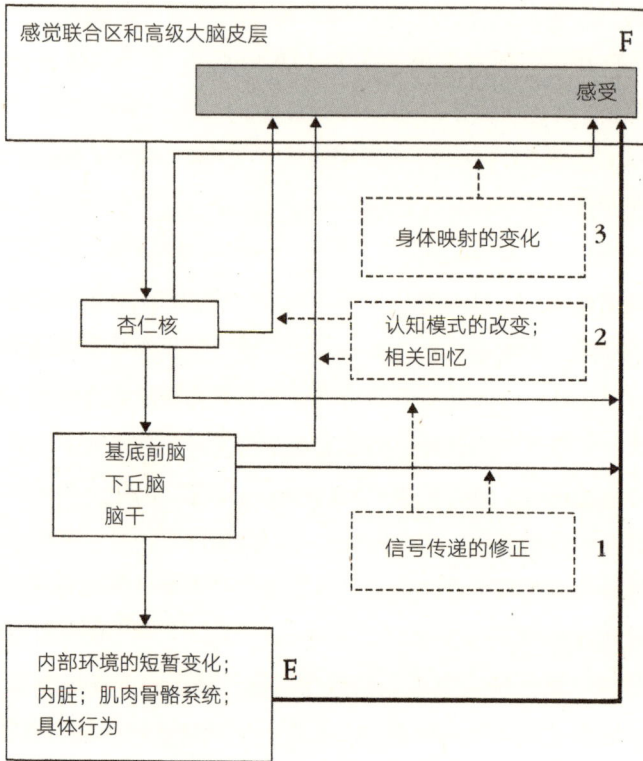

图 3-1　感受到恐惧的所有方式

本图是图 2-5 的延续，信号从身体到脑的传递（外箭头从左下方的方框 E 移至右上方的方框 F）可能会受到触发和执行位置的影响（方框 1 的箭头标记为信号传递的修正）。触发和执行部位还通过创建认知模式和相关回忆（方框 2）的变化，以及通过对构成感受的最接近神经基础的身体映射（方框 3）进行直接更改来影响过程。请注意，评估 / 评价阶段和最终感受阶段都发生在脑水平上，包括感觉联合区和高级大脑皮层。

体验一种特定的感觉，比如愉快，就是以一种特定的方式感知身体，而且，无论以何种方式感知身体都需要感觉映射，在感觉映射中神经模式被具象化，从中可以获得心理表象。我要提醒大家的是，从神经模式中产生的心理表象并不是一个被完全理解的过程（第 5 章回顾了我们在理解上的一个差距）。但是我们已经有足够的知识来假设这个过程是由可识别的基础所支持的，就感受而言，是不同的脑区中身体状态的映射，随后涉及各个区域之间复杂的相互作用。这个过程并不局限于一个脑区。

简单来说，感受的基本内容是对特定身体状态的映射；感受的基础是一组映射身体状态的神经模式，从这些神经模式中可以产生身体状态的心理表象。感受本质上是一种关于身体的想法，更具体地说，是一种关于身体的某一方面在特定环境下的内在思想。情绪的感受是身体受到情绪过程干扰时的一种想法。然而，我们将在后面的几页中看到，构成这一假设关键部分的身体映射不太可能像威廉·詹姆斯曾经想象的那样直接。

除了身体状态，感受还包含其他吗

当我说感受在很大程度上是由对某种身体状态的感知构成的，或者说对身体状态的感知构成了一种感受的本质时，我使用"很大程度上"和"本质"这两个词并不是偶然的。我们可以从一直在讨论的感受的假设性定义中找到一些细微的原因。在许多情况下，尤其是在很少或根本没有时间检查自己的感受时，感受仅仅是对某种身体状态的感知。然而，在其他情况下，感受涉及对某种身体状态的感知和对某种伴随的心理状态的感知，这是我之前提到的思维方式的变化，也是感受结果的一部分。在这些情形下，当我们持有这样或那样的身体状态的感知表象时，我们也同时持有了我们自己思维方式的表象。

在感受的某些情形下，或许在最高级的各种现象中，这个过程绝不是简单的，它包括以下内容：身体状态是感受的本质，并赋予其独特的内容；伴随着对基本身体状态的感知而改变的思维方式；在主题方面，这种思想与感受到的那种情绪是一致的。在这些情形下，如果你以积极的感受为例，我们可能会说，心智代表的不仅仅是幸福感，心智也代表着良好的思维，或者心智还代表着肉体的和谐运转，而我们的思维能力要么处于它们的游戏顶端，要么是可以被带到那里。同样的，感到悲伤并不仅仅是身体不适或缺乏继续下去的能量。它通常是一种低效的思维模式，围绕着有限数量的失去的想法而停止不前。

感受是感知的交互作用

感受就是感知，并且在某些方面，它们可以与其他感知相提并论。例如，实际的视觉感知会响应外部客体，这些外部客体的物理特征会冲击我们的视网膜，并暂时修改视觉系统中的感觉映射。在感受过程的起点也有一个客体，客体的物理特征也引发了一系列信号，这些信号通过脑内部的客体的映射进行传递。就像视觉感知一样，现象的一部分是由客体引起的，而另一部分则是由脑的内部构造引起的。但是，有些东西是不同的，而且这种不同不是微不足道的，就感受而言，起源处的客体和事件很好地存在于身体内部，而不是外部。感受可能与其他任何感知一样，但它们被映射的客体是生物体在其中产生感受的部分和状态。

这个重要的差异产生了另外两个差异。首先，除了在源头即身体上与一个客体相联系外，感受也与开启了情绪－感受循环的激发情绪的客体相联系。激发情绪的客体以一种奇怪的方式负责建立感受起源的对象。因此，当我们提及情绪或感受的"对象"时，我们必须限定其所指，并弄清楚我们指的是哪个对象。一幅壮观的海景是一种能激发情绪的客体，看到海景 X 而产生的身体状态是原点 X 处的实际客体，然后在感受状态中被感知。

其次，同样重要的是，随着感受的展开，脑有直接的方式对客体做出回应，因为对象的起源在身体内部，而不是在身体外部。脑可以直接作用于它所感知的对象。它可以通过修改对象的状态或更改对象的信号传递来实现。一方面，客体在原点，另一方面，该客体的脑映射可以通过某种回响过程相互影响，例如，在外部感知中找不到对于特定对象的这种回响过程。你可以随心所欲地看着毕加索的《格尔尼卡》（Guernica），无论多长时间，并且无论你有多么激情澎湃，但是这幅画本身不会发生任何改变。你希望你对此的想法会导致物体发生变化，但事实上，该物体仍然毫无变化。就感受而言，对象本身可以被彻底改变。在某些情况下，这种改变可能类似于拿刷子和新鲜油漆去修改画作。

换句话说，感受不是被动的感知或灵光乍现，特别是在喜悦和悲伤的情况下。在这种感受开始出现之后的一段时间（几秒钟或几分钟），身体会有一种动态的接触，几乎肯定是以重复的方式进行的，随后才是感知的动态变化。我们认为这是一系列转变。我们注意到了一种相互作用，类似于一种给予和接受。[2]

在这一点上，你可能会反对我的措辞，并说我所描述的感受仅仅适用于情绪及相关的调节现象，但可能不适用于其他种类的感受。我不得不说，"感受"一词的其他适当用法与触摸的行为或触觉的结果有关。关于一开始就达成共识的"感受"一词的主要用法，我要说的是，所有感受都是我们先前讨论的一些基本调节反应的感受，或者是食欲，或者是情绪本身的感受，从直接的痛苦到祝福。当我们谈论对于某个悲伤阴影的"感受"或对于某个音符的"感受"时，我们实际上指的是伴随着我们看到悲伤阴影或听到那个音符的声音而产生的情感感受，而不管可能存在的审美扰动。[3] 即使当我们对感受的概念有什么误解时（例如"我觉得我对此是正确的"或"我不能同意你的看法"），我们至少（含糊地）指的是伴随相信某个事实或赞同某种观点之类的想法的感受。这是因为相信和认可会引起某种情绪的产生。据我所知，对任何物体或事件的感知，无论是实际呈现的还是从记忆中回想起的，在情感上都是中立的。无论是通过先天的设计还是后天的学习，我们对大多数（也可能是全部）对象产生了情绪，无论它们是多么微弱，而随后的感受却又多么难以察觉。

当回忆与欲望融为一体：一段插叙

多年以来，我经常听到有人说，也许我们可以用身体来解释快乐、悲伤和恐惧，但是当然不能表达欲望、爱或自豪。我总是对这种说法着迷，每当有人直接向我说明这个观点时，我总是以同样的方式回答：为什么不行呢？让我试试。无论我的辩论对象是男人还是女人，都没有什么区别，我总是提出相同的思想实验：想象一段时间，最好是最近，我希望当你看到一个在你身边醒来的女人或男人（按你的喜好）时，在短短几秒钟内，就呈现出一种独特的情欲状态。尝试使用我一直在讨论的神经生物学装置，从生理学角度思考发生了什么。

那个正在醒来的感受起源对象光彩夺目地展现出来，可能不是全部，而是部分。也许首先引起我们注意的是脚踝的形状，接着是它如何与鞋跟连接，以及如何与隐藏在裙子下的看不到但是可以想象出来的一条腿融为一体。（弗雷德·阿斯泰尔《乐队车》中这样描述撩人的赛德·查里斯的到来："她款款向我走来，她的曲线比风景优美的高速公路还要多。"）或许是衬衫上伸出的脖子的形状，或许根本不是一部分，而是仪态、运动、能量和推动整个身体前进的决心。无论呈现出来的是什么，欲望系统都被激活了，并触发了适当的回应。是什么构成了这些回应？事实证明，是准备和模拟。欲望系统促进了许多细微的，有时也许不是那么细微的身体变化，而这些变化是为使欲望达到均衡的日常准备工作的一部分。永远不要忘记，在文明社会，永远都不可能达到尽善尽美。这是体内环境的快速化学变化，与你几乎没有定义的愿望相适应的心跳和呼吸变化，血流的重新分布，以及你可能或者不可能参与的各种运动模式的肌肉预设。肌肉骨骼系统中的张力已重新排列，实际上，刚才没有张力的地方出现了张力，并且出现了奇怪的松弛现象。加上这一切，想象力开始发挥作用，让愿望变得更清晰。化学的和神经的奖赏机制，正如火如荼地运转，身体展开了一些与最终的愉快感觉相关的行为。确实非常激动人心，而且在身体感知和认知支持的脑区非常容易被映射出来，对欲望目标的思考引起愉快的情绪和感觉。欲望现在属于你了。

在此示例中，欲望、情绪和感受的微妙表达变得明显。如果欲望的目标是可以实现的，那么这种满足就会引起一种特定的愉快情绪，也许只是一个希望，并可以将渴望的感受转变为兴高采烈的感受。相反，如果目标没有实现，可能会引起愤怒。但如果这个过程暂停一段时间，在梦幻般的美味之地，它最终会安静地消失。对不起，以后不准抽烟。你不是在黑色电影里。

饥饿、口渴与性欲有所不同吗？是的，毫无疑问，但是产生机制并不完全不同。这就是为什么这三者可以如此轻松地融合，有时甚至相互补偿的原因。我想说，主要区别来自记忆，来自回忆的不同方式。我们对个人经历的回忆和重构在欲望的展开中起着重要的作用，通常在饥饿或口渴时更是如此。（但是，让我们提防美食家和葡萄酒鉴赏家，因为他们会滥用我们的想法。）即便如此，欲望的客体与该客体相关的大量个人记忆——过去的欲望、过去的志向、过去的快乐，无论是真实的还是想象的，它们之间也存在着丰富的相互作用。

依恋和浪漫的爱情是否符合类似的生物学解释？我不认为有什么不可以，只要解释基本机制的尝试不被推到解释一个人独特的、不必要的个人经历和琐碎个人的地步。由于我们研究了我们体内经常产生的两种激素，催产素和抗利尿激素如何影响一种迷人的物种——草原田鼠——的性行为和依恋行为，我们当然可以将性与依恋快速分开。交配前，在雌性大田鼠中阻断催产素的产生不会干扰性行为，但会阻止它依附于性伴侣。确实存在性，但却不存在忠诚了。交配前，在雄性大田鼠中阻断血管升压素（抗利尿激素）的产生的作用与此相当。交配仍在进行，但通常忠实的雄性田鼠不会与雌性建立亲密关系，也不会为保护自己的约会对象以及最终的后代而烦恼[4]。性和依恋当然不是浪漫的爱情，但它们是其谱系的一部分。[5]

骄傲和羞愧也是如此，这两种情绪通常被认为与身体表达完全无关。但它们当然是有关的。你能想象出一个比自豪地微笑着的人更鲜明的身体姿态吗？准确的姿态应该是什么样的？睁开眼睛是肯定的，睁大眼睛，凝视世界。下巴高高扬起，颈部和躯干尽可能挺直。昂首挺胸，脚步坚定，打扮得体。这些只是我们可以看到的一些身体变化。将这些身体特征与感到羞愧和遭受羞辱的人的姿态相比较就会发现不同。可以肯定的是，能产生羞耻情绪的情景很不相同。伴随这种情绪并在这些情绪发作之后产生的感受就好像白天和黑夜一样不同。但是在这里，我们也在触发事件和一致的想法之间找到了一个完全不同且可映射的状态。

所以，兄弟之爱也必须如此，这是所有感受中最具救赎意义的感受，这种感受依赖于定义我们身份的独特的自传体记录。然而，正如斯宾诺莎清楚地发现的那样，它仍然停留在享乐的场合——肉体的享乐（还有什么别的呢？）——由对某一特定对象的想法引起的。

脑内的感受：新的证据

感受与身体状态的神经映射有关的概念现已在进行实验测试。最近，我们进行了一项关于感受某些情绪的脑活动模式的研究[6]。指导这项工作的假说指出，当感受发生时，接收来自身体不同部位的信号的脑区会有显著的活动，从而映射出有机体的持续状态。那些位于中枢神经系统不同层次的脑区包括扣带回皮层、两个体感皮层（称为脑岛和次级体感皮层 [S_2]）、下丘脑以及脑干被盖（脑干的后部）中的几个核团（见图 3-2）。

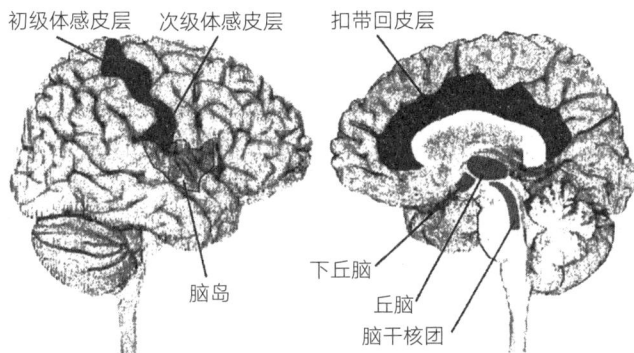

图 3-2　从脑干到大脑皮层的主要体感区域

正常的情绪感受需要所有这些区域的完整性，并且每个区域在此过程中所扮演的角色是不同的。所有区域都很重要，但是某些区域（脑岛、扣带回皮层和脑干核团）比其他区域更重要。最重要的是安静地隐藏着的脑岛。

为了检验这个假设，我和三名同事招募了 40 多名被试进行协作，并按性别平均分配。其中没有人遭受过神经疾病或精神疾病的折磨。我们告诉每个小组，我们希望研究他们经历快乐、悲伤、恐惧或愤怒这四种可能的感受之一时的脑活动模式。

这项研究使用 PET 技术（用于正电子发射断层扫描）测量多个脑区的

血流量，众所周知，流入脑任何区域的血液量与脑的代谢密切相关。该区域的神经元以及新陈代谢又与神经元的局部活性相关。按照该技术的传统，在某个区域内的血液流量在统计上有显著增加或减少，表明该区域的神经元在执行给定的心理任务期间异常活跃或不活跃。

该实验的关键是找到一种触发情绪的方法。我们要求每个被试从他们的生活中想到一个有情绪感染力的情节。唯一的要求是：情节必须特别有力，并且涉及快乐、悲伤、恐惧或愤怒。然后，我们要求每个被试对特定情节进行详细思考，并描述他们可能记得的所有影像，以便尽可能准确地重现过去事件的情绪。正如前面提到的，这种情绪记忆装置是一些表演技巧的支柱，我们很高兴地发现，这种装置在我们的实验中也起作用。不仅大多数成年人经历了这些情节，而且事实证明，大多数成年人还可以回忆起详细的细节，并以惊人的强度从字面上重现这些情绪和感受。

在预实验阶段，我们确定每个被试最能重现哪些情绪，并在重现期间测量诸如心律和皮肤电导率等生理参数。然后，我们开始了正式的实验。我们要求每个被试重新表达一种情绪，例如悲伤，然后他或她开始在扫描室的安静环境中想象特定的情节。被试被指示在他们开始感受到情绪时就通过手势来发信号，只有在该信号发出后，我们才开始收集有关脑活动的数据。该实验偏向于测量实际感受时的脑活动，而不是在回忆具有情绪能力的物体并触发情绪的早期阶段。

数据分析为我们的假设提供了充分的支持。经过仔细检查，所有体感区域，如扣带回皮层、脑岛状体感皮层和次级触觉皮层、脑干被盖骨中的细胞核，均显示出统计学上显著的激活或失活模式。这表明身体状态的映射在感受过程中已被显著改变。而且，正如我们预期的那样，这些激活或失活的模式在情绪之间是不同的（见图 3-3 和图 3-4）。就像人们可以感觉到我们的身体在感受快乐或悲伤时是不同的一样，我们也能够证明，与这些身体状态对应的脑映射也是不同的。

快乐

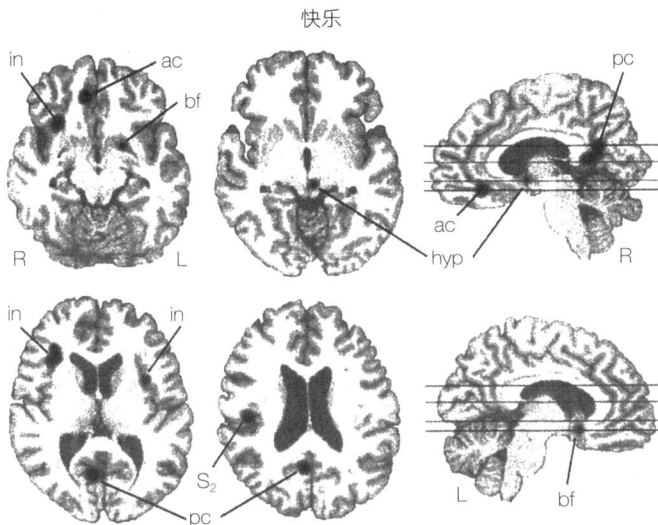

图 3-3　在 PET 实验中，快乐时被激活的脑区

图右侧的两个面板显示了右半球和左半球的内侧（内部）视图。前扣带回（ac）、后扣带回（pc）、下丘脑（hyp）和基底前脑（bf）的活动有明显变化。左侧的四个面板以轴向（接近水平）切片描绘了脑。右半球标记为 R，左半球标记为 L。请注意，在左右半球的两个切片中均显示了在脑岛状区域（in）的显著活动，并且在两个切片中也显示了在后扣带回（pc）的显著活动。

这些发现在许多方面都很重要。令人欣慰的是，发现了感受确实与身体状态的神经映射改变有关。更重要的是，关于未来感受神经生物学研究中应注意的问题，我们现在有了明确的指标。这些结果明确地告诉我们，感受生理学的一些奥秘可以在体感脑区的神经回路以及这些回路的生理和化学运作中解决。

该研究还提供了一些出乎意料的可喜结果。我们连续监测了被试的生理反应，并注意到皮肤电导率的变化始终先于感受到的信号。换句话说，在被试开始动手确定体验之前，电子监控器已经明确记录了情绪的波动。尽管我们没有计划研究这个问题，但实验提供了更多证据，证明情绪状态居于首位，感受居于次要。

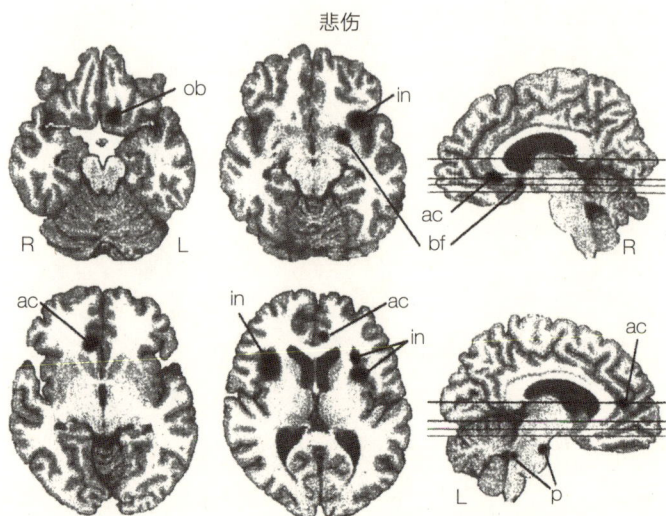

图3-4　在 PET 实验中，对应于悲伤的感受的脑映射

此图与图3-3属于同一个实验。脑岛在两个半球及一个以上的切片中，都有明显的活动，这与快乐的状态不同。这同样适用于前扣带回的显著变化。

另一个提示性结果和与思维过程有关的大脑皮层区域的状态有关，即大脑额叶的侧面和极侧的皮层。我们还没有形成一个假说来解释在各种感受中以不同方式参与的思维方式如何在脑中展现自己。然而，这个发现是非常合理的。在悲伤状态下，前额叶皮层明显失活（在相当大的程度上表明整个区域的活动减少）。而在快乐状态下，我们发现了相反的情况（该区域活动增加的迹象明显）。这些发现与思维的流畅性在悲伤时减弱而在快乐时增强的事实能够很好地吻合。

有关证据的评论

寻找支持个人理论偏好的证据总是令人愉快的，但是在找到确凿的证据之前，不应因自己的发现而太过乐观。如果我们在感受研究中遇到的指向体感区域的有力指示是确凿的事实，那么其他人应该找到兼容的证据。确实，基于相同的方法（功能成像技术，如 PET 和 fMRI），现在有大量兼容的证据已记录在案，并且与各种感受有关。

雷蒙德·多兰（Raymond Dolan）和他的同事们的研究在这里特别重要，因为他们特别解决了我们工作上的问题，即使无关的工作也产生了可兼容的结果[7]。参与者无论是在体验吃巧克力的愉快，还是浪漫爱情的疯狂感觉，无论是克莱泰涅斯特拉（Clytemnestra）的内疚，还是色情电影片段的兴奋，我们实验的关键目标区域（例如，岛叶皮层和扣带回皮层）都表现出显著的变化。这些区域在关键区域内以不同的模式活跃或不活跃，都证明了感受状态与这些脑区的大量参与相关[8]。可以预测涉及的其他区域，即实际产生相关情绪的区域，也产生了类似的变化。但是这里要指出的是，体感区域中活动的改变与感受状态相关。正如我们将在本章后面看到的，与服用麻醉品或渴望使用麻醉品有关的感受也导致了相同体感区域的大量参与。

在某些类型的音乐、极度悲伤或极度喜悦的感受，以及我们称为"寒战"或"颤抖"或"震颤"的身体感觉之间，存在着一种亲密而明确的三方面联系。出于某种原因，某些乐器，尤其是人声，以及某些音乐成分会唤起情绪状态，包括许多皮肤反应，如使头发直立、发抖、脸色发白等[9]。也许对我们的目的而言，没有什么比安妮·布拉德（Anne Blood）和罗伯特·萨托雷（Robert Zatorre）的研究证据更能说明问题的了。他们想研究因听音乐而引起的愉快状态的神经相关因素，因为这些音乐会引起发冷和发抖[10]。研究人员在脑岛和前扣带回的体感区域中发现那些相关性，这些区域明显地被音乐上令人兴奋的片段所吸引。此外，研究人员将激活的强度与所报告的碎片刺激值相关联。他们证明了激活与激动人心的片段（参与者亲自挑选的片段）有关，而与音乐的存在无关。奇怪的是，从其他方面出发，人们怀疑寒战是由于这些感受改变的脑区内的内源性阿片类药物的即时可用性引起的。[11]该研究与我们自己的研究一样，还确定了在愉快状态下产生情绪反应的区域（例如右眶额叶皮层－左腹纹状体）以及与愉快状态负相关的区域（例如右杏仁核）。

对疼痛处理的研究也谈到了这个问题。在肯尼思·凯西（Kenneth Casey）进行的一项有说服力的实验中，被试在扫描大脑时会遭受手部疼痛（他们的手浸入冰冷的水中）或手部无痛的振动刺激[12]。疼痛状态导致两个体感区域（脑岛和次级体感皮层）的活动发生明显变化。振动条件导致另一个体感区域（初级体感皮层 [S_1]）的激活，但脑岛和次级体感皮层没有被激活，这两个区域与情绪感受最密切相关。在每种情况下，研究人员给患者服用芬太尼（一种模拟吗啡的药物，因为它作用于 u 型阿片受体），并再次扫描了被试。在疼痛情况下，芬太尼设法减轻了疼痛以及脑岛和次级体感皮层的接触。在振动状态下，芬太尼给药后，振动感知和初级体感皮层激活均保持不变。这些结果清楚地揭示了与疼痛或愉快有关的感受以及对触觉或振动感觉的"感受"的单独的生理安排。脑岛和次级体感皮层与前者关系密切，初级体感皮层与后者关系密切。在其他地方，我注意到情绪和疼痛感受的生理支持可以通过诸如安定之类的药物来分离，这种药物去除了疼痛的影响成分，但完整地保留了疼痛感受。对于这种情况的恰当描述是，你"感受"到痛苦，但不在乎。[13]

更多确凿的证据

有确凿的证据表明，口渴的感受与扣带回皮层和脑岛皮层活动的显著变化有关[14]。口渴的状态本身是由于检测到水的失衡以及激素（如抗利尿激素和血管紧张素 II）与脑区（如下丘脑和导水管周围灰质）之间的微妙相互作用而引起的，该工作的目的是采取解渴行动，以及一系列高度协调的激素释放和运动程序[15]。

我将为读者提供一些有关排空男性或女性膀胱的冲动，或将其排空的感受与扣带回皮层变化之间联系的描述[16]。但是我应该说些有关观看色情电影引起的欲望的事情。可以预测到的是，扣带回皮层和脑岛皮层非常活跃，因此我们可以感受到兴奋。眶额叶皮层和纹状体等区域也参与其中，实际上它们正在激发兴奋。但是，就参与者的性别而言，下丘脑这一区域的参与度存在显著差异。在男性个体中该区域参与非常明显，女性则不是这样[17]。

感受的基础

当 19 世纪 50 年代，大卫·休布尔（David Hubel）和托斯滕·威塞尔（Torsten Wiesel）在视觉的神经基础上开始他们著名的研究工作时，还没有人知道他们会在主要视觉皮层中发现的那种组织，即亚模块化组织，使我们能够构造与视觉对象有关的映射[18]。视觉映射背后的机制是一个谜。另外，对于应该搜索秘密的一般脑区，即从视网膜开始并邻接于视觉皮层的通路和加工站的链条，有一个完美的提示。今天，当我们考虑感受领域时，很明显，我们在很多方面都仅与休布尔和威塞尔发起他们的计划时的视觉研究相当。直到最近，许多科学家都不愿接受这种体感系统可能是感受的重要基础。这也许是对威廉·詹姆斯"当我们感受到情绪时，便会感知到身体状态"这一猜想的最后残余抵抗。"情感感受可能没有与视觉或听觉可比的感受基础"，这也是一种奇怪的适应观点。机能障碍研究和最近引用的功能成像研究的证据现在已不可逆转地改变了这种默认。是的，体感区域参与了感受过程，体感皮层的一个主要伙伴，脑岛，可能比其他任何结构都更重要。次级体感皮层、初级体感皮层和扣带回皮层也参与其中，但它们的参与程度不同。由于种种原因，我认为脑岛的介入至关重要。

以上事实汇集了两条证据：从对感受状态的内省分析来看，有理由认为感受应该依赖于体感处理。从神经生理学和成像证据来看，像脑岛这样的结构确实不同程度地参与了感受状态，就像我们刚才看到的那样。[19]

但是，最近的证据更加证实了这种融合的牢固。碰巧的是，正如曾经设想的那样，致力于将信息从人体内部传递到脑的周围神经纤维和神经通路，并未终止于接收与触觉有关的信号的皮层（初级体感皮层）中。取而代之的是，这些通路终止于它们自己的专用区域，即脑岛皮层本身，正是这一区域的活动模式会受到情绪感受的影响。[20]

神经生理学家、神经解剖学家 A. D. 克雷吉（A. D. Craig）发现了重要的证据，他认为应追随曾在早期神经生理学迷雾中迷失并在教科书神经病学传统上被否认的这一想法——我们知道身体内部的感觉，一种内感受的感觉[21]。换句话说，理论建议和功能影像学研究都与感受有关的那一区域，恰好是最有可能代表感受内容的信号类别的接收者：与疼痛状态相关的信号、体温、头晕、瘙痒、不寒而栗、内脏和生殖器敏感、血管和其他内脏的平滑肌组织状态变化、局部酸碱度异常、葡萄糖、渗透度、存在炎症，等等。因此，从各种角度来看，体感区域似乎是感受的重要基础，而脑岛皮层似乎是该区域的关键区域。这个概念不再是一个简单的假设，它构成了一个平台，在以后的几年中，可以从这个平台上，将新的探究水平引入更精细的感受神经生物学中。

脑接收到的感受信号有两种传播途径（见图 3-5A）：体液传播（例如，通过血流传播的化学分子直接激活下丘脑或室上器官（例如，最后区）中的神经传感器）、神经（通过跨突触的神经元轴突发射到其他神经元的细胞体，在神经途径中传递电化学信号）。所有这些信号都有两个来源：外部世界（外感知信号）和身体的内部世界（内感知信号）。情绪在很大程度上是对内心世界的改造。因此，构成情绪感受基础的感受信号在很大程度上是可以感知的。这些信号的主要来源是内脏和内部环境，但是与肌肉骨骼和前庭系统状态有关的信号也参与其中[22]。

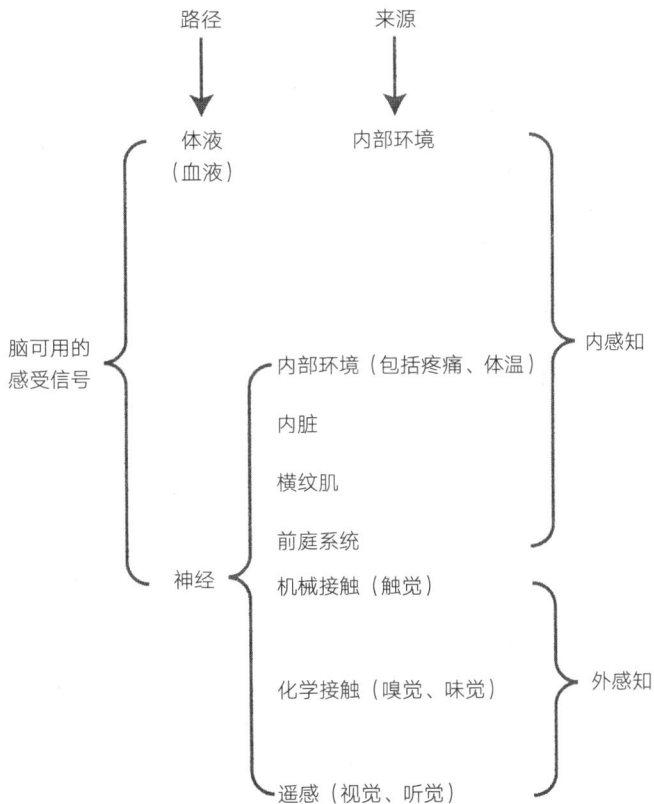

图 3-5A　脑接收到的感受信号种类

图 3-5B 是将内部环境和内脏信号传递到脑所涉及的关键结构图。大部分的关键信号是通过脊髓和脑干的三叉神经核的途径传递的。

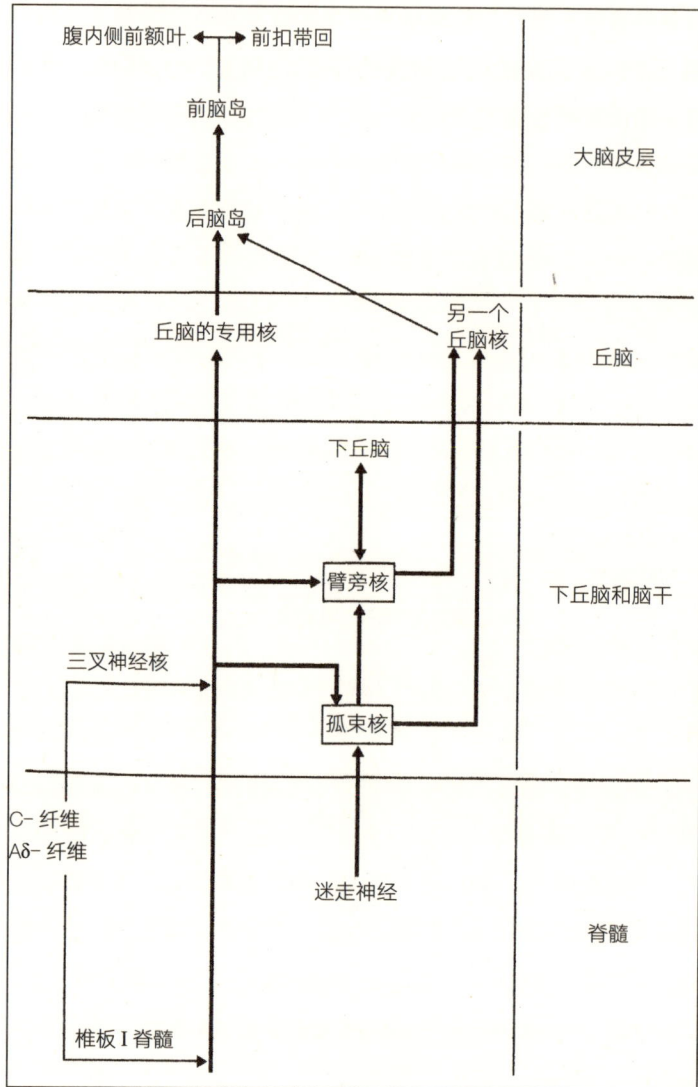

图 3-5B　从身体到脑的信号

在脊髓的每一层上，都有一个称为"椎板I"的区域（在脊髓灰质的后角以及三叉神经核的尾部），信息通过C类和Aδ类神经纤维（细、无髓鞘且传导缓慢）进入中枢神经系统。在我们整个身体中，这种信息几乎无处不在，它与各种参数有关，例如动脉平滑肌的收缩状态、局部血流量、局部温度、表明局部组织损伤的化学物质的存在、pH值、O_2和CO_2等。所有这些信息进一步传递到丘脑的专用核，然后传递到后脑岛和前脑岛的神经映射中，随后脑岛可以向腹侧前额叶皮层和前扣带回皮层发出信号。在通往丘脑的途中，这些信息在孤束核中进行加工，这一区域接受来自迷走神经（它是来自内脏的信息经过脊髓的主要路径）、臂旁核和下丘脑的信号。臂旁核和孤束核继而又通过另一个丘脑核将信号传送到脑岛。有趣的是，与人体运动及其在空间中位置有关的路径使用了完全不同的传播链。传递这些信号（Aβ）的周围神经纤维很密集，并且传导速度快。用于身体运动信号传递的脊髓和三叉神经核的部分也不同，丘脑中继核和最终的皮层靶标（初级体感皮层）也不同。

谁能拥有感受

在尝试发现感受的基本过程时，有以下几点需要考虑。

第一，具有感受能力的实体必须是一个有机体，它不仅具有身体，而且具有在其内部表征该身体的方式。我们可以想到诸如植物这样的复杂有机体，它们显然是活着的，并且具有身体，但是却无法通过脑提供的映射来表征其身体的某些部位以及这些部位的状态。植物能对光、热、水和养分等许多刺激做出反应。一些喜欢园艺的人甚至相信它们会对鼓励的话做出反应。但是它们似乎缺乏意识到某种感受的可能性。因此，感受的首要条件是神经系统的存在。

第二，神经系统必须能够映射人体结构和身体状态，并将这些映射中的神经模式转换为心理模式或表象。没有后面这个步骤，神经系统尽管能映射作为感受基础的身体的变化，但不会达到产生我们称之为感受的想法的程度。

第三，传统意义上定义的感受的发生，要求其内容为有机体所知，即意识是必需的。感受和意识之间的关系是棘手的。简而言之，如果我们没有意识，我们将无法感受到。但碰巧的是，感受机制本身就是意识过程的贡献者，也就是自我创造的贡献者，没有它，我们便一无所知。摆脱困难的途径来自意识到感受的过程是多层次的和分支的。产生一种感受所必需的某些步骤与生产原我所必需的步骤非常相同，而自我和最终的意识则依赖于此。但是某些步骤是特定于所感受到的一组内稳态变化的，即特定于某个物体的。

第四，构成感受基础的脑映射显示了在脑其他部分的命令下执行的身体状态模式。换句话说，有感受的有机体的脑在用情绪或欲望对物体和事件做出反应时，创造了唤起感受的身体状态。在具有感受能力的有机体中，脑是双重必需品。可以肯定的是，它必须提供身体映射。然而，即使在那之前，脑也必须在那里指挥或构建特定的情绪身体状态，最终将其映射为感受。

在这种情况下，人们需要注意一个可能的原因，即感受在进化中何以变得可能。感受之所以有机会成为可能，是因为有可表征身体状态的脑映射。这种映射之所以成为可能，是因为身体调节的脑机制需要它们来进行调节，即那些在情绪反应展开期间发生的调节。这意味着感受不仅依赖于身体和具有身体表征能力的脑的存在，而且依赖于生命调节的脑机制的先天存在，包括生命调节机制中引起情绪和食欲反应的部分。如果没有情绪背后先天存在的脑机制，就不会有什么有趣的感受。再重复一次，一开始就有情绪及其基础。感受不是一个被动的过程。

除了作为一种令人感
到愉悦的状态之外，
爱什么也不是。

斯宾诺莎说
LOOKING
FOR
SPINOZA

Joy, Sorrow, and the Feeling Brain

身体状态与身体映射

到目前为止，我提出的建议的要点很简单。但现在是时候让问题变得更复杂了。请允许我介绍两个问题作为背景。

我们的假设是，我们所感受到的一切都必须基于大脑体感区的活动模式。如果我们没有这些体感区域，我们将不会有任何感受，同样，如果我们被剥夺了脑的关键视觉区域，我们将看不到任何东西。我们体验的感受来自体感区域。这听起来似乎有点太明显了，但是我必须提醒各位，直到最近，科学仍刻意避免将感受分配给任何脑系统。感受就在那里，悬浮在脑中或脑周围。但是现在出现了一个潜在的猜想，它是明智且有道理的，因此引起了所有人的注意。在许多情况下，体感区域能精确地映射出身体正在发生的事情，但在某些情况下，它们不能这样做，原因很简单，要么是映射区域的活动，要么是向它们发出的信号可能以某种方式被修改了。映射的模式已失去保真度。这是否损害了我们能感受到大脑体感区域所映射的东西的观点？并没有。稍后再详细介绍。

第二个问题涉及威廉·詹姆斯，他提出感受必定是对情绪所改变的实际身体的感知。詹姆斯有见地的猜想遭到攻击并最终被抛弃很长时间的原因之一与以下观念有关：某种程度上，让感受依赖于对实际身体状态的感知，会延迟感受的过程，因此认为它是无效的。确实需要时间来更改主体与映射后续的变化。然而，就像它的产生一样感受确实也要花相当长的时间。一种心理上的快乐或悲伤经历需要相对较长的时间，并且没有任何证据表明这种心理经历比处理我们讨论过的身体变化所花费的时间更短。相反，最近的证据表明，这种感受不会在几秒钟内发生，一般在 2 秒到 20 秒之间 [23]。尽管如此，这种反对意见还是有其优点的，因为如果该系统始终如詹姆斯所设想的那样精确运行，那么它可能不会一直保持最佳状态。我已经提出了一种替代方案，它依赖于一个关键的概念：**感受虽然不一定可以从实际的身体状态中产生，但可以从在体感区域中任何给定时刻构造的实际映射中产生。**在这两个问题的背景下，我们现在准备讨论我对感受系统如何组织和运行的看法。

实际的身体状态和模拟的身体状态

在我们生命的每一刻，脑的体感区域都在接收信号，从而可以构建正在进行的身体状态的映射。我们可以将这些映射描绘为从身体各处和任何地方到体感区域的一组对应关系。然而，由于其他脑区可能直接干扰向体感区域发出的信号，或者直接干扰体感区域本身的活动，导致这种清晰的工程画面变得模糊了。这些"干扰"的结果是最令人担忧的。就我们的意识而言，只有一种知识来源可以了解人体中正在发生的事情：在任何特定时刻，体感区域中存在的活动模式。因此，任何对该机制的干扰都可能在特定时刻创建说明人体中正在发生的变化的"假"的映射。

自然止痛

一个典型的例子是，当脑滤除伤害性人体信号时，在某些特定情况下会出现"假"的人体映射。脑有效地从中枢身体映射中消除了可能引起疼痛的活动模式。有充分的理由解释为什么"假"的表征机制会在进化中盛行。在试图逃避危险的过程中，最好不要感受到由危险原因（例如被捕食者咬伤）或逃避危险（逃避疼痛并受到障碍物的伤害）所造成的伤。

现在，我们有关于这种干扰如何发生的详细证据。被称为导水管周围灰质（PAG）的脑干被膜部分的细胞核将信息传递到神经通路，该神经通路通常会传递组织损伤信号并导致疼痛。这些信息会阻止信号继续传递[24]。自然的，由于过滤的结果，我们得到了"假"的身体映射。当然，这个过程与身体无关。感受仍然依赖于身体信号的"语言"。只是,我们的实际感受并不完全是没有脑明智干预的感受。干扰的效果等同于服用更高剂量的阿司匹林或吗啡,或被置于局部麻醉下。当然,除了脑在为你做这件事外,一切都是自然而然的。顺便说一句,吗啡的隐喻非常贴切,因为这种干扰的其中一种是使用自然和内部产生的吗啡类似物(阿片类肽,例如内啡肽)。有几类阿片肽,它们都是在我们自己的体内自然产生的,因此被称为"内源性的"。除了内啡肽(endorphins)外,还包括内啡肽(endormorphines)、脑啡肽和强啡肽。这些分子与某些脑区的某些神经元中的特定类别的受体结合。**在某些需要的情况下,身体自然地为我们提供一剂镇痛剂,就像富有同情心的医师对痛苦的患者注射的一样。**

我们可以在我们周围找到关于这些机制的证据。那些在生病的时候也必须上场的公众人物,例如演讲者或者演员,在舞台上行走的时候,身体上糟糕的症状会统统消失。古老的智慧将这种奇迹般的改变归功于表演者的"肾上腺素激增"。这种涉及化学分子的观点确实是明智的,但它并没有告诉我们该分子在何处起作用,以及该作用为何导致所需效果。我相信发生的是对当前身体映射的高度可信的修改。尽管肾上腺素可能不是主要的化学信息,但这种修改需要一些神经信息,并且确实包含某些化学分子。战场上的士兵也会修改他们脑中描绘痛苦和恐惧的身体映射。如果不进行这种修改,就不太可能发生英雄主义行为。如果这个良好的功能没有被添加到我们的脑功能菜单中,那么进化甚至可能已经终止了分娩这种方式,而选择有利于减少痛苦的繁殖方式。

我怀疑是一些臭名昭著的精神病理学状况劫持了这种良好的衡量机制。导致患者无法感受或移动身体部位的所谓的癔症或转化性癔症反应,很可能是当前身体映射的短暂但剧烈的变化所致。可以用这种方式解释几种"躯体形式"的精神疾病。顺便说一句,对这些机制的简单扭转可能有助于抑制那些曾经给我们的生活带来严重痛苦的事件的回忆。

共情

　　同样显而易见的是，脑可以在内部模拟身体的某些情绪状态，就像将同情的情绪转变为同情的感受的过程一样。例如，想想被告知发生了一场可怕的事故，有人因此严重受伤。在一段时间内，你可能会感到一阵痛苦，这在你的脑海中反映出所讨论的那个人的痛苦。你会觉得自己好像是受害者，这种感受可能或多或少都有，紧张程度取决于事故的规模或你对所涉人员的了解。产生这种感受的假定机制是我所谓的"拟身体环路"机制。它涉及内部脑模拟，其中包括对正在进行的身体映射的快速修改。当某些脑区（如前额叶、前运动皮层）直接向脑的体感区域发出信号时，就可以实现这一点。最近已经确定了类似类型的神经元的存在和位置。这些神经元可以代表一个人的脑看到的另一个人的运动，并向感觉运动的结构发出信号，因此，相应的运动要么在模拟模式中"预览"，要么在实际中执行。这些神经元存在于猴子和人的额叶皮层中，被称为"镜像神经元"[25]。我相信我在《笛卡尔的错误》中所假设的"拟身体环路"机制是利用了这个机制的一个变体。

　　在体感区域中对人体状态进行直接模拟的结果与对来自人体的信号的过滤没有什么不同。在这两种情况下，脑都瞬间会创建一组与人体当前现实不完全对应的身体映射。可以使用像黏土一样的传入身体信号，在可以构建这种图案的区域（即体感区域）中雕刻特定的身体状态。那时人们的感受会基于"假"的构造，而不是基于"真实"的身体状态。

　　拉尔夫·阿道夫最近的一项研究直接谈到了模拟人体状态的问题[26]。这项研究旨在调查共情的基础，涉及100多名大脑皮层不同部位有神经病变的患者。他们被要求参与一项需要共情反应的任务。每个对象都看到了一个陌生人的照片，照片上的人表现出某种情绪表情，其任务是表明该陌生人的感受。研究人员要求每个被试将自己置于对方的环境中，以猜测该人的心理状态。这里要检验的假设是，大脑皮层的体感区域受损的患者将无法正常执行这项任务。

多数患者能够像健康的被试一样很容易地执行此任务，除了两组特定功能受损的人群。第一组受损的人群是可以预见的。这组患者遭受视觉联想皮层，特别是右枕颞叶区域的右视觉皮层损害的事件。脑的这一区域对于视觉构造的观察至关重要。没有其完整性，即使可以从术语的一般意义上看到照片，也无法将照片中的面部表情作为一个整体来感知。

另一组患者最能说明问题：它由整个右体感皮层区域，即右脑半球的脑岛、初级与次级体感皮层受损的被试组成。这是脑完成最高水平的人体状态综合映射的一组区域。如果没有该区域，脑就不可能有效地模拟其他身体状态。脑缺少一个可以播放各种身体状态主题的运动场。

右脑半球的类似区域不具有相同的功能，这具有重要的生理意义：左体感区受损的患者能够正常执行"共情"任务。这是又一个发现，表明右体感皮层对于整合身体映射是"重要的"。这也是为什么对该区域的损害始终与情绪和感受缺陷以及失语症和疏忽等状况相关联，其基础是对当前身体状态的看法存在缺陷[27]。人类体感皮层功能的左右不对称性可能是由于左体感皮层在语言和言语中坚定的参与所致。

来自其他研究的支持性证据表明，正常人在观看描绘情绪的照片时，会立即巧妙地激活自己脸部的肌肉群，这对于他们做出照片中所描绘的情绪表情是必不可少的。这些人并没有意识到自己肌肉的这种镜像"预设"，但是分布在他们脸上的电极通过肌电图的变化捕捉到了[28]。

总之，体感区域构成了一种剧场，在那里不仅可以"表演""真实"的身体状态，而且可以表演各种各样的"假"的身体状态，例如，拟身体状态、过滤的身体状态等。正如最近关于动物和人类的镜像神经元的研究所表明的那样，产生拟身体状态的命令可能来自前额叶皮层。

使身体产生幻觉

脑让我们通过各种方式产生某种身体状态的幻觉。你可以想象这样的功能是如何在进化中开始的。起初，脑仅产生身体状态的直线映射。后来，其他的可能性出现了，例如，暂时消除身体状态的映射，比如那些最终导致疼痛的状态。也许以后可能会模拟不存在的疼痛状态。这些新的可能性显然具有自己的优势，因为那些拥有这些优势的人的后代可能更多了，因此相应的可能性就占了上风。就像我们的自然构成的其他有价值的特征一样，病理变化可能破坏有价值的用途，就像在癔症和类似疾病案例中一样。

这些机制的另一个实用价值是它们的速度。脑可以在数百毫秒或更短的时间内迅速完成身体映射的修改，这是短而有髓鞘的轴突将信号从前额叶皮层传送到几厘米远的脑岛的体感映射区所需的短暂时间。脑诱发人体适当变化的时间尺度是秒。通常长而无髓鞘的轴突需要大约一秒的时间才能将信号传递到距离脑数十厘米的身体部位。这也是激素释放到血液中并开始产生一连串后续效应的时间尺度。这可能就是为什么在很多情况下，我们都能感觉到细微的感受和引发它们的想法之间微妙的时间关系的原因。"拟身体"机制的快速运行使思想和情绪在时间上紧密地联系在一起，这比感受仅仅依赖于真实的身体变化要容易得多。

值得注意的是，当我们描述的幻觉发生在感受系统，而不是与人体内部有关的感受系统中时，它们不是适应性的。视觉上的幻觉具有很强的破坏力，听觉上的幻觉也是如此。这种幻觉对人体没有好处，并且那些必须遭受痛苦的神经病和精神病患者也无法享受它们的乐趣。这同样适用于癫痫患者可能遇到的幻觉。然而，在我列出的少数精神病理学疾病之外，身体状态的幻觉对于正常人而言是宝贵的资源。

感受中的化学物质

到目前为止，每个人都应该知道，所谓的改变情绪的药物可以将悲伤或不适当的感受转变为满足和自信的感受。然而，早在百忧解①出现之前，酒精、麻醉剂、镇痛药、激素（如雌激素和睾酮）以及大量精神药物已经表明，感受可以被化学物质改变。显然，所有这些化合物的作用都是缘于其分子的设计。这些化合物如何产生这些值得注意的效果？通常的解释是，这些化学分子作用在某些脑区的某些神经元上，以产生所需的结果。从神经生物学机制的角度来看，这些解释听起来很像魔术。特里斯坦和伊索尔德喝着爱情药水，砰！下一场景，他们坠入了爱河。目前尚不清楚为什么化学物 X 到达脑 Y 区神经元会延缓你的痛苦，并使你感到爱。男性青少年在新鲜的睾酮作用下会变得暴力和性欲亢奋，这一说法的解释价值是什么？睾酮分子和青少年行为之间缺少一个功能层面的解释。

一部分解释来自以下事实：感受状态的实际起源（其心理性质）并未被神经生物学术语概念化。分子水平的解释解决了难题的一部分，但并未完全得到我们真正希望看到的解释。在人体系统中引入药物所引发的分子机制解释了导致感受改变的一系列过程的开始，而没有解释最终建立感受的过程。几乎没有什么关于特定的神经功能被药物改变从而使感受改变的说法。我们知道某些化学分子可能附着在神经元受体上的位置。例如，我们知道此类药

---

① 一种治疗精神抑郁的药物。——编者注

物中的阿片类药物受体位于大脑皮层区域，例如扣带回皮层，并且我们知道外部和内部的阿片类药物都通过与这些受体的附着来发挥作用[29]。我们也知道，分子附着在这些受体上会导致配备这些受体的神经元的操作发生变化。阿片类药物与某些皮层神经元的 mu 受体结合后，脑干腹侧被盖区的神经元变得活跃，并导致多巴胺在诸如基底前脑伏隔核等结构中的释放。反过来，会发生许多有益的行为，还会感到愉快的感受[30]。然而，构成感受基础的神经模式并不仅仅发生在上述区域的神经元中，而且真正"构成"的感受模式可能根本就不会发生在这些神经元中。在所有可能的情况下，重要的神经模式，即那些作为感受状态直接原因的神经模式，发生在其他地方，即在体感区域如脑岛，作为直接受化学分子影响的神经元活动的结果。

在我一直构建的框架内，我们可以具体说明导致感受改变的过程，并且可以具体说明药物作用的部位。如果感受是由神经模式产生的，而该神经模式映射了正在进行的身体状态的各个方面，那么简单的假设是，改变情绪的化学物质通过改变那些在体感映射中的活动模式来产生其魔力。它们可以通过三种不同的机制来实现此目的，这些机制可以分别工作，也可以联合工作：一种机制干扰人体信号的传输；另一种是通过在身体映射中创建特定的活动模式来进行；还有一种是通过改变身体的状态来起作用。所有这些机制都是受药物的作用影响的。

各种药物诱导的"幸福"

有一些证据表明，脑的体感映射作为产生感受的基础是非常重要的。如前所述，对正常感受的内省分析表明，在感受的发展过程中，对变化的身体的感知相当重要。前面讨论的大量功能成像实验揭示了体感区域中活动的变化模式，这些变化与感受相关。另一个有趣的证据来源是对吸毒者的内省性分析，他们滥用毒品的明确目的是产生一种强烈的幸福感。对药物滥用者的第一人称描述经常提到吸毒高潮时身体发生的变化。以下是一些典型的状况：

> 我的身体充满活力，同时完全放松。
>
> 感到身体中的每个细胞和骨骼都在欢愉地跳跃。
>
> 具有温和的麻醉特性……并具有普遍的淡淡、温暖的感受。
>
> 感到就像经历着全身性高潮。
>
> 身体的每一处都感到十分温暖。
>
> 热水澡太舒服了，我都说不出话来了。
>
> 感觉就像你的头爆炸了……一种令人愉快的温暖和强烈的放松感。
>
> 就像性生活后的放松感受，但感受更好。
>
> 身体十分亢奋。
>
> 一枚图钉和一根针的作用……告诉你的身体完全麻木。
>
> 你会觉得自己被裹在世界上最舒适、最温暖的毯子里。
>
> 我的身体立刻感到温暖，尤其是脸颊，感受非常热。[31]

所有这些描述都反映了身体放松、温暖、麻木、麻醉、镇痛、高潮释放、能量等一系列非常一致的变化。同样，这些变化是否真的发生在体内并被传达到体感映射中，或者是直接在这些映射中合成，或者两者兼有，都没有区别。这些感觉伴随着一系列的同步思考——积极的想法、"理解"能力的增强、身体和智力的提高、障碍和成见的消除。奇怪的是，前四起都是发生在可卡因兴奋之后。服用摇头丸者报告了接下来的三起，吸食海洛因者报告了最后的五起。酒精产生的影响比较温和，但也差不多。考虑到引起这些作用的物质在化学成分上是不同的，并且作用于脑中的不同化学系统，因此这些作用共享人体核心这一事实更加令人印象深刻。所有这些物质都通过占据脑系统而起作用，就好像这些分子是从内部产生的一样。例如，可卡因和安非他命作用于多巴胺系统。但是目前流行的安非他命变种，即摇头丸（又长又拗口地被称为亚甲基二氧甲基苯丙胺或 MDMA 的分子），作用于血清素系统。如我们所见，海洛因和其他与鸦片有关的物质作用于 μ 和 δ 类阿片受体。酒精通过 GABA$_A$ 受体和 NMDA 谷氨酸受体起作用[32]。

值得注意的是，在先前关于各种自然感觉的功能性成像研究中所描述的体感区域的系统参与，也可以在一些研究中发现，在这些研究中，参与者经历了因服用摇头丸、海洛因、可卡因和大麻或渴望这些物质而产生的感受。同样，扣带回皮层和脑岛是主要的参与部位。[33]

这些不同物质作用的受体的解剖分布相当不同，每种药物的模式也都有所不同。然而，它们产生的感受却非常相似。可以合理地推断出，在某种程度上，不同的分子以某种方式帮助塑造体感区域中类似的活动模式。换句话说，感受效果来自一个或多个共享神经位点的变化，这是由不同物质引发的不同系列的系统变化导致的。单从分子和受体水平来解释这种作用是不够的。

因为所有感受都包含疼痛或愉快的某些方面，作为其必不可少的组成部分，并且由于我们称为感受的心理图像是源自身体映射所显示的神经模式，所以有理由提出，当脑的身体映射有特定的配置时，疼痛及其变体就会发生。

同样，愉快及其变体是某些身体映射配置的结果。感到疼痛或感到愉快是由生物过程组成的，在该过程中，我们的身体表象（如脑的身体映射所示）以某种模式被整合。吗啡或阿司匹林等药物会改变这种模式，摇头丸和苏格兰威士忌也是如此，麻醉药也是如此，某些形式的冥想也是如此，绝望的想法也是如此，希望和救赎的想法也是如此。

反对者的声音

一些唱反调的人，虽然从感受的生理基础上接受了上述讨论，但仍然不满意，并声称我仍然没有解释为什么感受会这样变化。我可以回答说，他们的问题是不恰当的，感受就是这样感受的，因为它们就是这样，因为这就是事物的本质。但我接受他们的观点，而且我并没有逃避争论。让我继续，然后，在到目前为止给出的答案中增加细节，并尽可能详细地指出有助于产生感受的映射的固有本质。

乍一看，身体映射的潜在感受可能是内脏或肌肉状态的粗略和模糊的表征。但再想想，首先要考虑的是身体的每一个区域都在同一时间被映射出来，因为身体的每一个区域都含有神经末梢，这些神经末梢可以向中枢神经系统发出信号，告诉构成这个特定区域的细胞状态。信号是很复杂的。这不是一个用"0"或"1"指示细胞开或关的问题。信号是高度多样化的。例如，神经末梢可以指示细胞附近氧气和二氧化碳的浓度大小。它们可以指示每个细胞浸入其中的化学溶液的 pH 值。它们可以表明外部或内部有毒化合物的存在。他们还可以检测内部产生的化学分子（如细胞因子）的出现，这些分子指示活细胞的窘迫和即将来临的疾病。此外，神经末梢可以指示肌纤维的收缩状态，从构成每一根动脉壁的平滑肌纤维，到构成我们四肢、胸腔壁或面部的横纹肌纤维。因此，神经末梢可以在任何给定的时刻向脑指示内脏（如皮肤或肠道）的功能。此外，除了它们从神经末梢获得的信息之外，在脑中，身体映射构成了感受的基础，还通过非神经途径直接告知血液中化学分子浓度的各种变化。

例如，在下丘脑中，成组的神经元直接读取血液中葡萄糖（糖）或水的浓度，并采取相应的行动。如前所述，他们采取的行动被指定为一种驱力或欲望。葡萄糖浓度的降低导致食欲的产生（饥饿状态），并引发旨在摄取食物并最终纠正降低的葡萄糖水平的行为。同样，水分子浓度的降低导致口渴和节水。这是通过命令肾脏不要排出过多的水分以及通过改变呼吸方式以使我们呼出的空气中损失的水分更少来实现的。许多其他部位，如脑干的后颅区和侧脑室附近的穹窿下器官，其作用与下丘脑类似。它们将血液中传递的化学信号转换为沿着脑内部神经通路传递的神经信号。结果是一样的：脑可以产生对身体状态的映射。

当脑通过神经末梢局部地和直接地，通过血液整体地和化学地观察有机体时，这些映射的细节和它们的多样性是相当引人注目的。它们对整个活生物体的生命状态进行采样，并从这些惊人的广泛采样中整合的状态的映射。我怀疑当我们说自己感受良好或感受糟糕时，我们所感受到的感受是根据内部环境化学成分映射的复合采样得出的。我们经常说，脑干和下丘脑中传递的神经信号从来不是有意识的，这种说法可能是相当不准确的。我相信，它的一部分会不断以特定的形式被意识化，而正是这种感受构成了我们的背景感受。的确，背景感受可能不受重视，但这是另一回事。它们经常得到足够的注意。下次当你觉得自己要感冒了，想想这个，或者更好的是，你站在世界之巅，没有比你更幸运的了。

在这一点上，越来越多的反对者开始说，现代飞机的驾驶舱充满了反映飞机状态的传感器，就像我在这里描述的那样。他们问我：飞机有感受吗？如果是这样，我是否知道为什么会有这种感受？

任何试图将复杂的生物中发生的事情与出色的工程机械（如波音777）中发生的事情联系起来的尝试都是鲁莽的。确实，一架复杂飞机的机载计算机包括可以在任何给定时刻监视各种功能的映射：机翼活动部件、水平稳定器和舵的展开状态；发动机运行中的各种参数；燃料消耗；同时还监视环境变量，例如温度、风速、海拔等。一些计算机持续地将所监视的信息相互关联，以便可以对飞机正在进行中的行为进行智能校正。这些系统与内稳态机制的相似性是显而易见的。但是，生物体脑中映射的本质与波音777的驾驶舱之间存在明显的巨大差异。让我们考察一下它们。

首先，是表征组件结构和操作的细节规模。座舱中的监视设备只是复杂生物体中枢神经系统中监视设备的简化版本。它们在我们的身体中大致可类似为，可以指示我们的双腿交叉还是不交叉，测量心跳和体温，并告诉我们在下一顿饭之前我们可以走几个小时。这些非常有帮助，但对生存来说还不够。现在，我的观点不是贬低神奇的波音777。我的观点是，波音777不需要任何更多的监控即可生存。它的"生存能力"与操纵它的飞行员联系在一起，没有他们，整个运动就变得毫无意义。顺便提一句，我们在世界各地飞行的无人驾驶飞机也是如此。它们的"生活"取决于任务控制。

飞机的某些组件是"有生机的"，如板条和襟翼、方向舵、空气制动器、起落架，但从生物学的意义上讲，这些组件都不是"活着的"。这些成分均不是由细胞组成的，而细胞的完整性取决于氧气和营养物质对每个细胞的输送。**相反，我们有机体的每个基本组成部分，人体的每个细胞，都不只是有生机的，而且是活着的。更为引人注目的是，每个细胞都是一个单独的活的生物体，一个具有出生日期、生命周期和可能的死亡日期的个体生物。每个细胞都是必须照看自己，并依靠自己的基因组指令和周围环境才能生存的生物。**我先前讨论的与人类有关的先天生命调节装置在生物规模上存在于我们生物体的每个系统、每个器官、每个组织、每个细胞中。我们生物体的关键基本"粒子"的合理候选者是一个活细胞，而不是一个原子。

在构成巨大的波音飞机的铝、复合合金、塑料、橡胶和硅树脂中，并没有真正能与那个活细胞等效的东西。飞机外壳上有数千米长的电线，数百平方米的复合合金以及数百万个螺母、螺栓和铆钉。的确，所有这些都是由物质构成的，而物质是由原子构成的。我们的肉体在微观结构上也是如此。但是，飞机的物质不是活的，它的部件不是由具有遗传、生物命运和生命风险的活细胞组成的。即使有人认为这架飞机对它的生存有一种"工程上的担忧"，这使它能够先发制人地应对分心的飞行员的错误操作，但明显的差异是不可避免的。飞机的集成座舱计算机对飞行功能的执行有很大的影响。我们的脑和思想对于我们整个生存状态的完整性、每一个角落和缝隙都具有整体的关注，而在这一切之下，每个角落和缝隙本身都具有局部且自动的关注。

每当将有机生物和智能机器（例如机器人）进行比较时，这些区别就会习惯性地被掩盖。在这里，我只想澄清一下，我们的脑从活体深处接收信号，从而提供了该活体的内在解剖结构和内在功能状态的局部以及全局的映射。这种安排在任何复杂的活生物体内都令人印象深刻，在人类体内更是令人吃惊。我不希望以任何方式降低在杰拉德·埃德尔曼（Gerald Edelman）或罗德尼·布鲁克斯（Rodney Brooks）实验室中创造的有趣的人造生物的价值。这些经过改造的生物以不同的方式加深了我们对某些特定脑过程的理解，并可能成为我们自己脑设备的有用补充。我只想指出，这些动物化生物并非以我们现在的方式生活，也不太可能以我们的方式感知周围[34]。

请注意一些很奇怪，也经常被忽视的东西：向脑传递必要信息的神经传感器以及描绘脑内部信息的神经核和神经鞘本身都是活细胞，面临着与其他细胞同样的生命风险，需要类似的内稳态调节。这些神经细胞不是公正的旁观者。它们不是无辜的交通工具，也不是白板，也不是等待某些东西反映出来的镜子。信号传递和映射神经元对于信号传递的事物以及从信号中组装的瞬态映射都有发言权。体感神经元的神经模式来自它们所要描绘的所有身体活动。身体活动塑造了这种模式，赋予它一定的强度和时间轮廓，所有这些都有助于解释为什么一种感受会有特定的感觉。但除此之外，感受的质量可能取决于神经元本身的内在设计。这种感受的体验质量很可能取决于实现它的媒介。

最后，请注意一些有趣的东西，并且再一次忽略波音飞机运动部件和我们生命体内生命特性的本质。波音飞机的生命特性与飞机设计要执行的功能有关：滑行到跑道、起飞、飞行、着陆。在我们体内的等效于当我们看、听、走路、奔跑、跳跃或游泳时出现的生命特性。但是请注意，当我谈论情绪及其基础时，人类生命特性的那部分只是冰山一角。冰山的隐藏部分所关注的生命特性其目的仅仅是从部分或整体上管理我们有机体的生命状态。正是那一部分生命特性构成了感受的关键基础。在当前的智能机器中，生命特性的这一部分没有等效的功能。我对于最后一个反对者的回答是，波音777无法像人类一样感受任何东西，因为，在许多其他原因中，它没有等同于我们的内心生活可以管理，更不用说描绘了。

以下是一些为什么感受会以这种方式开始的解释：感受建立在为适应最佳操作状态而进行的调整过程中生命状态的综合表征基础上。感受的方式与以下因素相关：

1. 具有复杂脑的多细胞生物生命过程的精细设计。
2. 生命过程的运作。
3. 某些生命状态自动产生的矫正反应，以及有机体在某些特定对象和情况在脑映射中出现时，有机体进行的先天和后天反应。
4. 当由于内部或外部原因引起调节反应时，生命过程的流动将变得更加高效、容易、不受阻碍，或者相反。
5. 所有这些结构和过程在其中被映射的神经介质的本质。

有时有人会问我，这些想法如何解释感受的"消极"或"积极"，这意味着感受的积极或消极信号是无法解释的。但是真的是这样吗？上面第四项指出的是，在某些生物状态中，生命过程的调节变得有效，甚至最佳，自由流动且容易。这是一个公认的生理事实，不是一个假设。通常伴随这种有益生理的状态的感受被认为是"积极的"，其特征不仅在于没有疼痛，还在于各种愉快。在某些生物状态中，生命过程为平衡而奋斗，甚至还可能失控。通常伴随这种状态的感受被认为是"消极的"，其特征不仅在于缺乏愉快，还在于各种痛苦。

也许我们可以自信地说，积极和消极的感受是由生活状态决定的。信号是通过接近或偏离最能代表最佳生命调节的状态而给出的。顺便说一句，感受的"强度"也可能与消极状态下必要的矫正程度有关，也与积极状态在最佳方向上超过内稳态设定点的程度有关。

我怀疑，感受的最终性质，也就是为什么感受会有这样的感觉的部分原因，是由神经媒介赋予的。但是，它们为什么觉得自己的方式与生命管理过程要么是流动的，要么是紧张的这一事实有关。这仅仅是它们在我们称为生命的古怪状态和生物体的古怪本质（斯宾诺莎的视角）下的运作方式，这种状态驱使它们努力保护自己，无论发生什么，直到生命因衰老、疾病或外部伤害而停止。

我们，这些具有情绪的复杂生物把确定的感受称为积极的，而把其他感受称为消极的，这一事实与生命过程的流动性或张力直接相关。流动的生命状态是被我们的努力所偏爱的。我们倾向于这种状态。紧张的生活状态自然地被我们的努力所避免，使我们远离它们。我们可以感受到这些关系，并且我们还可以验证，在我们的生活轨迹中，感受为积极的流动生活状态与我们称为良好的事件相关，而感受为负面的紧张生活状态与糟糕有关。

现在是时候完善我在本章前面提出的构想了。感受的起源是身体的某些部分。但是，现在我们可以更深入地了解，并在此描述层次下发现更精细的起源：构成这些身体部分的许多细胞，它们既作为具有自身结构的有机体存在，又作为我们称为人体的受管制的社会的合作成员存在，由生物体自身结构组成。

感受的内容是在体感映射中表示的身体状态的配置。但是现在我们可以补充，在感受发生的过程中，在脑和身体的相互回应的影响下，身体状态的瞬态模式确实会迅速改变。而且，感受的积极和消极维度及其强度都与生活事件进行的总体难易程度相一致。

最后，我们可以补充构成体感脑区的活细胞，以及从人体向脑传输信号的神经通路，这些通路似乎并不是可有可无的部分，它们可能对我们称为感受的感知质量做出了至关重要的贡献。

现在也是将我分开的东西重新汇集在一起的时候。我区分情绪和感受的一个原因与研究意图有关：为了理解整个现象，将各个部分分开，研究它们的运作，以及辨别这些部分是如何及时表达的，这是有帮助的。一旦我们获得了所需的理解，或者至少是其中的一部分，将机制中的各个部分再次组装在一起就很重要，这样我们就可以看到它们所构成的功能。

整体发展使我们回到了斯宾诺莎的主张，即身体和心智是同一物质的平行属性。我们将它们从生物学的微观世界中分离出来，是因为我们想知道单一物质是如何工作的，以及身体和心智方面是如何在其中产生的。在研究了相对孤立的情绪和感受之后，我们可以在短暂的安静中，把它们作为情感重新卷到一起。

LOOKING FOR SPINOZA

Joy, Sorrow,
and the Feeling Brain

SPINOZA

第 4 章　　感受之后

感受见证着内心深处的生命状态，这是多么奇妙啊！当我
们尝试去逆推感受的源头及其进程时，也可以恰当地设想，
感受能够见证我们心灵的深处，这一点或许就是其成为复
杂生命体的显著特点的原因。

关于快乐与悲伤

有了"感受是什么"的初步认识，现在是时候发问：感受是为了什么？在我们尝试回答这个问题之前，先思考一下我们情感生活中的两个标志——快乐和悲伤——的产生和表达方式，这样可能会对回答这个问题有所帮助。

当一个合适的对象，即一个有力的情绪性刺激出现的时候，情绪就被激发了。对于情绪性刺激的处理，人们会根据刺激发生的具体情境，选择并执行一个已有的情绪程序。反过来，情绪又导致了有机体一套特定的神经映射的构建，来自身体自身的信号对这些映射起到了显著的促进作用。一些特定结构的映射是被我们称为"快乐情绪"及其变体情绪的基础，就好像一首愉快旋律的曲子。其他映射则是被我们称为"悲伤情绪"的基础。在斯宾诺莎的广义定义中，"悲伤情绪"包含了痛苦、恐惧、罪恶感和失落。这些则像是一首悲伤基调的曲子。

与快乐相关的映射指示身体的平衡状态。这些平衡状态要么正在进行，要么是曾经出现过。快乐的状态表明生命正处于最佳的生理协调状态，并且运行顺畅。它不仅对生存有益，而且使人体验到幸福感。快乐也可定义为更轻松的行动能力状态。

我们可以赞同斯宾诺莎所说的，即快乐（他在拉丁文原文中使用的是 laetitia）总是与一个生命向着一个更完美状态的转换相联系。[1]更完美状态，无疑是从更佳的功能协调，以及行动的力量和自由度的提升的意义上来说。[2]但我们应该小心，一些药物可以伪造快乐的神经映射，使其不能反映身体的真实状态。一些"药物"会让身体表现出暂时的功能提升。然而从根本上说，这种提升从生物学角度上是不可持续的，甚至是功能恶化的前兆。

与悲伤相关的映射，无论是在广义还是狭义上，都与一些功能失调相关：做出行为时的从容度下降，抑或有某种痛苦、疾病或者生理紊乱的征兆。这些都指向一个欠佳的生命功能协调。如果没有察觉，这样的情况会导致疾病甚至死亡。

大多数情况下，悲伤的身体映射或许会反映身体的真实情况。因为没有人想要通过药物滥用引起悲伤或抑郁。谁会想吃这样的药呢？更别说大量服用。然而，当药物产生的快乐和兴奋过去之后，药物滥用会带来反弹，引起悲伤和抑郁。举个例子，有报告称摇头丸会使人产生以平和愉悦状态并伴随温和想法为特征的兴奋。然而，药物的重复使用会带来愈发短暂的兴奋，并引起愈发严重的抑郁。正常的血清素系统的工作将会受到直接影响，而且许多被使用者认为安全的药物已被证明十分危险。

斯宾诺莎在讨论忧愁（tristitia）时认为，悲伤的身体映射与一个生命体向一个欠佳状态的转变相关联。行动的力量和自由度都是减小的。在斯宾诺莎的观点里，处在悲伤的阵痛中的人与其自然倾向，即自我保护的倾向，是割裂的。这无疑适用于那些严重的抑郁症患者所报告的感觉，以及他们最终自杀的结果。抑郁可以被视为"疾病综合征"的一部分。内分泌系统和免疫系统也参与导致持久性的抑郁，如同一个细菌或病毒之类的病原体侵入一个生物体内，注定要带来疾病。[3] 单独来讲，偶尔发生悲伤、恐惧或者愤怒并不见得就会导致抑郁症的恶性循环。但同样是事实的是，每一个消极情绪和随之而来的消极感受都会使一个生命处于其常规运行的状态范围外。当该负面情绪是恐惧时，这个特殊状态可以是有利的，但前提是这个恐惧是正常合理的，而不是对情况的误判或恐惧症状的结果。诚然，合理的恐惧是一种极好的保险机制。它拯救过很多生命，或让人过得更好。但是悲伤和愤怒的参与，无论是对于个人还是社会，就显得不那么有帮助了。毫无疑问，有明确针对性的恐惧可以阻止多种形式的不正当行为，在野生世界里，愤怒仍是一个有效的防御武器。然而，在许多社会和政治情境中，愤怒是一个让人体内稳态值下降的好例子。同理，悲伤的形式是一种为了获得安慰和支持的不落泪的哭泣。在正确的情境下，悲伤可以是具有保护性的。比如，当它帮助人们适应自己的失去时就是如此。然而长期来看，长年累月的悲伤是有害的，会导致"癌症"，而且是灵魂之癌。

感受因而可以是一个身体内在的心理感应器，是人生之旅的见证者。感受也可以是我们的哨兵，它让我们短暂而又片面的自我意识得以知晓我们自身在短时间内的状态。感受是内心所有平衡与和谐、不平衡与不和谐的表现。它们并非指这世上一切外物的和谐或不和谐，而是指身体内部的和谐与否。快乐与悲伤等情绪在很大程度上是身体将自己调整至最佳生存状态的一些方法。快乐和悲伤是生命进程中的精神启示，除非药物或抑郁败坏了这种启示的真实性（虽然也有"抑郁症带来的病症最终有可能也是生命状态真实准确的展露"这一值得讨论的说法）。

感受见证着内心深处的生命状态，这是多么奇妙啊！当我们尝试去逆推感受的源头及其进程时，也可以恰当地设想，感受能够见证我们心灵的深处，这一点或许就是其成为复杂生命体的显著特点的原因。

感受与社会行为

越来越多的证据表明，感受，连同欲望及最常引起它们的情绪一起，在社会行为中起着决定性的作用。在过去的 20 年发表的大量研究中，我们的研究团队和其他研究人员发现，当先前正常的人脑中某些类型的情绪和感受所必需的区域受到损害时，他们在社会中管理生活的能力就会受到极大的干扰。在结果不确定的情况下，他们做出适当决策的能力会受到影响，例如进行金融投资或建立重要关系[4]。于是会出现社会契约破裂、婚姻解体、父母与子女之间关系紧张、失去工作等情况。

这些患者的脑部开始出现病变后，他们通常无法维持其病前的社会地位，并且所有患者都无法保持实现经济独立。他们通常不会变得暴力，其行为举止也不会违反法律。然而，他们对生活的适当管理仍受到深刻的影响。显然，如果让他们自己在生活中做出决策，他们的幸福生活将是一个很大的问题。

患该疾病的典型患者是一个勤奋且成功的人，在发病前他始终娴熟地工作并且过着优渥的生活。我们研究的几名患者过去活跃于社会事务中，甚至被其他人视为团体领袖。在前额叶损伤后，原来的他们被彻底地改变了。患者仍然足够熟练以胜任自己以前的工作，但不能指望他们可靠地工作或为实现目标而执行所有必需的任务。计划活动的能力无论从日常来看还是从长期来看，都受到了损害。进行财务规划的能力尤其受到损害。

社会行为对他们来说成了一个特别困难的领域。对这些患者而言，要确定谁是值得信赖的人并据此指导未来的行为并不容易。患者缺乏凭直觉判断何种行为在社会中合适的能力。他们无视社会惯例，并可能违反道德准则。

患者的配偶注意到他们缺乏同情心。其中一位患者的妻子指出，以前只要在她不高兴时她的丈夫就会表现出温暖和关爱，然而现在却只表现出冷漠。在患病之前，这些患者曾经以在社区中参与社会项目或向有困难的亲朋好友提供咨询服务而闻名，然而现在他们不再表现出任何帮助别人的意愿。实际上，他们不再是独立的人。

当我们问自己，为什么会发生这种悲剧时，我们会找到许多有趣的答案。这个问题最直接的原因是特定区域内的脑损伤。在临床上表现为社会行为紊乱的那些最严重和明显的案例中，额叶的某些区域受到了损伤。在大多数（尽管不是全部）这类病例中，前额叶，尤其是腹内侧部分都受到了损伤。仅限于左侧外侧的额叶损伤往往不会导致此问题，尽管我知道至少有一个例外；而仅限于右侧外侧的损伤就会导致该问题[5]（见图 4-1）。其他几个脑区，如右侧大脑半球的顶叶的损伤，也会引起类似的问题，尽管问题不是那么纯粹。

这个问题虽然并不纯粹，但在某种意义上，也存在其他突出的神经系统症状。有类似问题的患者通常身体左侧瘫痪，至少部分瘫痪。腹内侧额叶受损的患者的区别在于，他们的问题似乎仅限于他们奇怪的社会行为。但对于所有其他目的，他们看起来都很正常。

然而，这些前额叶受损患者的行为，与其在患神经系统疾病前的行为截然不同。他们做出的决定对自己和亲近的人都没有好处。然而，这些患者的智力似乎是完好无损的。他们说话正常，行动正常，没有视觉或听觉上的问题。他们在交谈时不会分散注意力。他们学习并回想起发生在自己身上的事实，还记得自己每天违反的惯例和规则，当有人引起他们注意时，他们甚至可以意识到自己违反了哪些惯例和规则。从专业技术意义上来讲，他们是聪明的，即他们可以在智力测验中获得高分。他们可以解决逻辑问题。

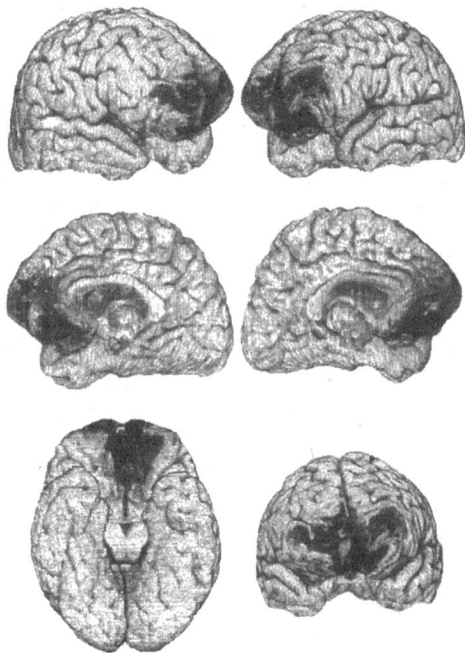

图 4-1　一名成年患者的额叶前部损伤模式的三维重建模型

这张图是通过脑磁共振扫描得到的，损伤部分显示为黑色，很容易与脑区的其余部分分开。前两图显示了从右半球和左半球角度看的脑。中间的两图显示了左右大脑半球的内侧（内部）视图（分别是左中间和右中间）。底部两图显示了从下方（左）看到的病变，显示了眶额叶表面的广泛损伤；从正面看（右），揭示了额叶的巨大损伤。

长期以来，人们一直试图解释这些患者基于认知障碍的不良决策的原因。他们的问题也许是缺乏学习或回忆正确行为所必需的材料。也许他们的问题是不能通过材料进行智能推理。也许困难在于"在脑海中记住"，在必要的一段时间内，所有问题的前提都需要考虑，以寻求适当的解决方案（这种"在脑海中记住"的功能被认为是"工作记忆")。[6] 但是，这些解释都不能令人满意。不知何故，这些患者中的大多数在这些可能的能力受损方面都没有主要问题。当问题以假设情境的形式出现在实验室进行测试时，听到其中一个病人聪明地推理并成功地解决了一个特定的社会问题，这是相当令人不安的。问题可能恰好与患者在现实生活中无法实时解决的问题相同。这些患者对他们在现实生活中严重失当的社会状况表现出广泛的了解。他们知道问题的前提、行动的选择、这些行动的长期和短期可能产生的后果，以及如何有逻辑地驾驭这些知识[7]。但是，当他们在现实世界中最需要它们时，所有这些都无济于事。

内部决策机制

在研究这些患者时，我开始好奇，他们的推理缺陷并非主要与认知问题有关，更可能与情绪和感受方面的缺陷有关。有两个因素促成了这一假设。首先，在更明显的认知功能的基础上，解决该问题存在明显的失败。其次，也是最重要的一点，我已经意识到这些患者在社会情绪层面上的情绪是多么平静。诸如尴尬、同情和愧疚之类的情绪减少或消失的事实尤其使我感到震惊。当一些病人告诉我他们的个人故事时，我感到我比他们本人看起来更难过或更尴尬[8]。

这就是我为什么会想到这些患者表现出的推理缺陷，他们在生活管理方面的缺陷，可能是由于与情绪有关的信号受损所致。我的意思是，当这些病人面对一个给定的情况，如对行动的选择，以及对可能的行动结果的心理表征时，他们无法激活一个与情绪相关的记忆，而这个记忆本可以帮助他们在相互竞争的选项中做出更有利的选择。患者没有利用他们在生活中积累的与情绪相关的经验。在这种情绪贫乏的情况下做出的决定会带来不稳定或完全消极的结果，尤其是在未来的后果方面。对于涉及明显冲突的选项和结果不确定性的情况，这种危害最为明显。无论一个人在做决策时做了多么仔细的准备，他在选择职业、决定是否结婚或是否创办新企业都会产生不确定性结果。**通常情况下，人不得不在相互冲突的选项中进行选择时，情绪和感受就会派上用场。**

情绪和感受如何在决策中发挥作用？答案是，以很多方式，微妙的和不那么微妙的，实际的和不那么实际的，所有这些都使情绪和感受不仅是推理过程中的参与者，而且是不可或缺的参与者。例如，考虑到随着个人经验的积累，形成了不同类别的社会状况。我们储存的关于这些生活经历的知识包括：

1. 所提出问题的事实。
2. 选择解决问题的选项。
3. 解决方案的实际结果。
4. 解决方案对情绪和感受的影响（比上一条更为重要）。

例如，所选择行动的直接结果带来了惩罚还是奖励？换句话说，它是否伴随着痛苦或愉快、悲伤或快乐、羞耻或骄傲的情绪和感受？同样重要的是，无论直接结果积极还是消极，这些行动的未来结果是惩罚还是奖励，从长远来看，这些行动的结果如何？未来是否有这些具体行动带来的消极的或积极的结果？在典型情况下，打破或开始某段关系会带来益处还是灾难？

对未来结果的重视，让人们注意到人类行为的某些特别之处。文明的人类行为的主要特征之一就是对未来的思考。我们积累的知识以及我们比较过去和现在的能力使得我们"在意"未来、预测未来，以模拟形式预期未来，试图以尽可能有益的方式塑造未来。我们为了更美好的未来，交易即刻的满足，推迟即刻的快乐，我们也基于同样的理由做出即刻的牺牲。

正如我们前面所说，生活中的每一次经历都伴随着某种程度的情绪，而这在重要的社会和个人问题上尤其明显。情绪无论是对先天性刺激（通常是同情）的反应，还是对习得性刺激（例如与最初恐惧刺激相关联的忧虑）的反应，都没有关系：积极或消极情绪以及随之而来的感受成为我们社会经验必不可少的组成部分。

　　因此想法是这样的：随着时间的推移，我们不仅仅是通过固有的社会情绪来对社会情境的组成部分做出自动反应。在社会情绪（从同情和耻辱，到骄傲和愤慨）以及由惩罚和奖赏（悲伤和快乐的变体）引起的情绪的影响下，我们逐渐将所遇到的情况分类：情景的结构、它们的组成以及对我们个人描述的重要性。此外，我们将在心理上以及相关的神经层次上形成的概念类别与用于触发情绪的脑部装置联系起来。例如，不同的行动选择和不同的未来结果变得与不同的情绪和感受相关联。凭借这些联系，当一种符合某个类别的情况在我们的经历中重新出现时，我们会迅速自动地调配适当的情绪。

　　用神经学的术语来说，这种机制按照以下方式工作：当后感觉皮层以及颞叶和顶叶区域中的回路处理属于某一特定概念类别的情况时，保存与该事件类别相关记录的前额区域回路将变为活跃状态。接下来是触发适当情绪信号的区域的激活（例如腹内侧前额叶皮层），这归功于该事件类别与过去的情绪感受反应之间的后天联系。这种安排使我们能够将社会知识的类别（无论是通过个人经验获得的，还是经过提炼的）与天生的、基因赋予的社会情绪的机制联系起来。在这些情绪和感受中，我特别重视与行动的未来结果相关的情绪和感受，因为它们标志着对未来的预测，即对行动结果的预期。这是一个很好的例子，说明了自然的并置如何产生复杂性，将正确的部分组合在一起如何产生大于它们单纯相加的结果。**情绪和感受并非能预见未来的水晶球。但如果它们被放在正确的情境中，就能作为近期或将来好或坏的预兆。**这样的预期情绪和感受的运用可以是部分的或全部的，公开的或隐蔽的。

这个机制完成了什么

　　情绪信号的恢复完成了许多重要的任务。它或明或暗地将注意力集中在问题的某些方面，从而提高了问题推理的质量。当信号公开时，它会针对可能导致消极结果的行动选择产生自动警报信号。直觉可能暗示你不要选择那些曾导致消极结果的选项，你自身的常规推理也会准确地向你发送同样的信息："不要做这件事"，不过直觉会先于你的常规推理做到这一点。情绪信号还可以产生与警报信号相反的信号，并督促人们快速做出某种选择，因为在系统的历史中，它一直与积极结果相联系。简而言之，该信号以积极信号或消极信号标记选项和结果，从而缩小了决策空间，并增加了该行动符合过去经验的可能性。因为信号在某种形式上与身体相关，所以我开始将这一思想称为"躯体标记假说"。

　　情绪信号不能代替正确的推理。它有辅助作用，可以提高推理过程的效率和速度。有时候，这可能会使推理过程变得几乎多余，例如当我们直接拒绝可能带来某些灾难的选择时，或者相反，当我们基于成功的高概率而抓住一个好的机会时。

　　在某些情况下，情绪信号可能会非常强烈，导致情绪的一部分重新激活，诸如恐惧或幸福，接下来是随着该情绪的适当的、有意识的感受。这是一种可能的直觉感受机制，它利用了我所谓的身体环路。但是，情绪信号能通过很多种更巧妙的方式来发挥作用，并且这大概就是情绪信号在大多数时候的工作方式（见图4-2）。首先，人是可以在不使用身体的情况下产生直觉的，取而代之的是我在上一章讨论过的拟身体环路。其次，也是更重要的一点，情绪信号可以完全在意识的监控下运行。这可能会导致工作记忆、注意力和推理能力发生变化，因此，在事先获得经验的情况下，决策过程会偏向于选择有最大可能带来最佳结果的行动。个体可能永远不会意识到这个秘

密行动。在这些情况下，我们不需要任何中间步骤的知识就可以快速有效地
做出决策并予以执行。

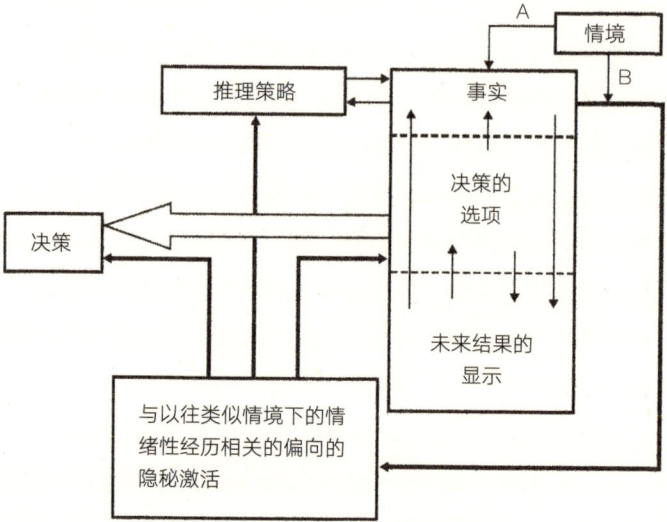

图 4-2 正常决策使用两条互补路径

面对需要响应的情况，路径 A 会提示与该情况有关的表象、可采取的行动选项以
及对结果的预期。推理策略可以操作这些知识以做出决定。路径 B 是并行运作
的，并在类似的情况下促使先前的情绪体验被激活。反过来，对情绪相关素材的
回忆（无论是公开的还是私密的）会通过强制注意未来结果的表现或干扰推理策
略来影响决策过程。有时，路径 B 能直接做出决定，就像直觉可以促使人立即做
出反应一样。单独使用还是组合使用每种路径的程度取决于个体的发展情况、情
境的性质和客观环境。丹尼尔·卡尼曼（Daniel Kahnemann）和阿莫斯·特沃斯基
（Amos Tversky）在 20 世纪 70 年代描述的有趣的决策模式则可能是由于路径 B 的
参与。

　　我们的研究团队和其他研究人员已积累了大量证据支持此类机制。[9]身
体相关性的操作的历史在很久以前就已经被注意到。引导我们朝正确方向行
动的预感通常被称为"直觉"或"内心"，例如"我内心知道这是正确的做
法"。顺便提到，葡萄牙语中的"预感"一词是"橄榄石"，与"心悸"一

词十分接近，意味着心跳减弱。

　　情绪在本质上是理性的，这一观点虽然不是主流观点，却有着悠久的历史。亚里士多德和斯宾诺莎显然都认为，至少有些情绪，在适当的环境下，是理性的。从某种程度上来讲，大卫·休谟和亚当·斯密也持相同观点。当代哲学家罗纳德·德·索萨（Ronald de Sousa）和玛莎·努斯鲍姆（Martha Nussbaum）也都有力地论证了情绪的理性。在这种情况下，术语"理性"并不表示明晰的逻辑推理，而是与那些有益于机体表现情绪的行为或结果的联系。被回忆的情绪信号本身并不是理性的，但它们会促进本来可以理性地得出的结果。正如斯蒂芬·赫克（Stefan Heck）所认为的，"合理的"是形容情绪该特性的一个更好的术语[10]。

正常机制的崩溃

　　前述正常成人的脑损伤如何导致前文描述的社会行为缺陷呢？该损伤造成了两个互补的损害。它破坏了情绪触发的相关脑区，而该脑区通常会发出调配社会情绪的指令；同时损坏了附近脑区，这些区域是支持特定情境类别和情绪之间后天的联系的，而其中的情绪是代表着未来结果的行动的最佳指南。我们已经继承的自动社会情绪的全部功能都无法被用于响应自然感受刺激，在个别经验中，我们已经学到的与某些情境相关的情绪也同样无法得到应用。此外，由所有这些情绪引起的后续感受也受到损害。受损的严重程度因患者而异。然而，在每个案例中，患者都无法以可靠的方式产生适合特定类别社会情境的情绪和感受。

　　行为性合作策略的使用似乎在脑区（如前额叶）受损的患者中受到了阻碍。他们无法表达社会情绪，他们的行为也不再遵守社会契约。他们在需要运用社会性智慧的任务上的表现出现异常[11]。此外，功能成像研究显示，当被试在实验中解决囚徒困境时，正常个体运用合作策略时涉及腹内侧额叶的参与。这是一项可以有效地将合作者与背叛者区分开的实验任务。在近期的一项研究中，合作性还带来涉及负责释放多巴胺和愉快行为的脑区的激活，这表明美德本身就是一种奖励[12]。

考虑到我们的成年患者的情况，人们可能会试图预测，他们所有完整的"社会知识"和所有在脑损伤发作之前的解决社会问题的良好实践，足以确保正常的社会行为。但事实并非如此。无论如何，社会行为相关的事实知识都需要情绪和感受的机制来正常地表达自己。

由前额叶受损引起的缺乏远见与任何通过服用麻醉品或大量酒精不断改变正常感受的人的情况类似。由此产生的生命映射产生了系统性错误，它不断误导有关实际身体状态的脑和心智。有人可能会猜测，这种失真是一种优势。感觉良好和幸福有什么不好吗？好吧，实际上，如果幸福感与人体向脑报告的内容发生实质性和长期的差异，这似乎是大错特错。实际上，在成瘾的情况下，决策过程惨遭失败，成瘾者所做的决策对自己和亲近的人会越来越不利。"缺乏远见"一词准确地描述了这种困境。如果任其发展，必然会导致社会独立性的丧失。

可能会有人争辩说，在成瘾条件下，决策障碍可能是由于药物对总体上支持认知功能的神经系统（并不特别是感受）的直接作用所致，但这种解释会相当宽泛。没有适当的帮助，除了药物滥用带来的越来越短的快乐时光外，药物成瘾者的幸福几乎完全消失。我推测，成瘾者急转直下的生活是感受的扭曲和随之而来的决策障碍这两者的结果，尽管最终长期吸毒导致的轻微身体症状会带来更多的疾病问题，甚至导致死亡。

幼年时的额叶皮层损伤

近期对那些在生命早期而非成年时期遭受了较严重额叶损害的 20 岁左右的成年患者的事实描述，让成年额叶受损患者的研究发现和解释变得特别引人注目[13]。我的同事史蒂文·安德森和汉娜·达马西奥发现，这些患者与成年后病变的患者在许多方面相似。同成年病例一样，他们不会表现出同情、尴尬或愧疚，并且似乎在全部生命过程中都缺乏这些情绪和相应的感受。但是这里也存在显著差异。出生后的第一年发生脑损伤的患者在社会行为方面的缺陷更为严重；更重要的是，他们似乎从未学习过自己打破的那些传统和规则。以下的例子可能会有所帮助。

当我们遇到研究的第一个患有该病的患者时，她 20 岁。她的家庭舒适而稳定，父母没有神经或精神疾病史。她在 15 个月大时被汽车撞倒，头部受伤，但几天之内就完全康复了。直到她三岁时，她的父母注意到她对口头惩罚和体罚没有反应，这才发现她行为异常。这一点与后来成为正常青少年和成人的她的同龄人明显不同。14 岁时，她的行为非常混乱，她的父母把她送进了一家治疗机构。她在学业上很有能力，但经常不能完成她的作业。她青春期的特点是不遵守任何规则，并且经常与同龄人和成年人对抗。她在语言和身体上都在虐待别人。她长期撒谎，并多次因入店行窃被捕，并在其他孩子和自己的家人中间行窃。她过早地进行了危险的性行为，并在 18 岁时怀孕。婴儿出生后，她的母性行为表现为对孩子的需求漠不关心。由于不可靠和违反工作规定，她无法胜任任何工作。她从未因自己的不当行为而对他人感到愧疚，也不会对他人表现出同情。她总是把自己的困难归咎于别人。行为管理和精神药物治疗都没有任何帮助。在多次将自己置于生命和财务风险之下后，她开始依赖父母和社会机构提供的财务支持和对她个人事务的监督。她没有未来规划，也没有工作的愿望。

这位年轻女子从未被诊断出脑损伤。她早年的头部受伤史几乎已被遗忘。最终，她的父母想知道其中可能存在的关联，于是找到了我们。我们对她的脑进行磁共振扫描时发现，正如我们预料的那样，其脑损伤与成年的前额叶损伤患者相当（见图4-3）。我们已经研究了相似的患者，他们都表现出相同的异常的社会行为和前额叶损伤。我们的团队正在为此类患者制订康复计划。

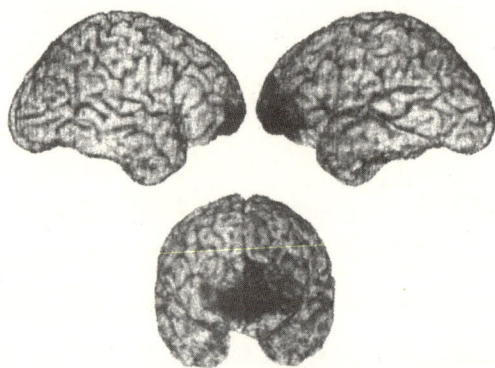

图4-3 幼年前额叶受损的年轻人的脑三维重建图像

正如图 4-1 所示，重建基于磁共振数据。注意与成年患者的受损脑区的相似之处。

我们并不是在暗示每个有相似行为的青少年都有未被诊断出的脑损伤。但是，那些因不同原因而表现出相似行为的患者，他们曾受过损伤的脑系统出现了故障。故障可能是神经回路在微观水平上的操作缺陷所致，这种缺陷可能有多种原因，包括遗传基础上的化学信号异常、社会和教育因素等。

考虑到我们之前讨论的认知和神经设定，我们可以理解为什么生命早期对前额叶脑区的持续破坏会带来毁灭性后果。第一个后果是，与生俱来的社会情绪和感受没有被正常运用。至少，这会导致年轻患者与他人的互动出现异常。他们在许多社交场合中做出不恰当的反应，反过来，其他人也会对他们做出不恰当的反应。年轻患者会发展出对社会的偏见。第二个后果是，年轻患者无法获得针对以往特定行为的情绪反应库。这是因为学习特定行为与其情绪性后果之间的联系依赖于前额叶的完整性。作为惩罚的一部分的痛苦经历，与导致惩罚的行为间失去了联系，因此患者就不会有这二者之间相连接的记忆以供未来运用情绪反应。奖励的愉快方面也是一样。第三个后果是，关于社会的个人知识能力缺乏积累。情境的分类，充分和不充分的回应的分类，以及习俗和规则的制定与联系都被歪曲了。[14]

世界会怎样

毫无疑问，情绪和感受的完整性是正常的人类社会行为所必需的，正常的人类社会行为是指符合道德规则和法律，并且可以被看作是公正的社会行为。一想到这个世界会变成什么样子，就会不寒而栗。从社会层面来讲，如果不是一小部分而是大部分人遭受成年额叶损伤，那么这个世界会变成什么样子呢？

当我们想到有大量人口在其生命早期遭受额叶损伤，这种恐惧会更加强烈。如果这些病人数量泛滥至今日，将会是一件十分可怕的事情。但人们不禁要问，如果人类一开始就失去了对他人产生同情、依恋、尴尬和其他社会情绪（见图 4-4）的能力，这些情绪在一些非人类物种中以简单的形式存在，那么这个世界将如何进化。

也许有人会说这样的物种很快就会灭绝，以彻底驳斥这种思想。但是请不要这么快就摒弃这一观点，因为这正是重点。**一个没有这种情绪和感受的社会不会展现出预示着简易道德体系的先天社会性反应：没有利他主义的萌芽，没有应有的仁慈，没有适当的责难，没有适当的自我失败感。如果没有**这些情绪感受，人类将不会为了解决团体的问题而谈判磋商，例如，发现、共享粮食资源，防范成员之间的威胁或争端；在社会情境、自然反应和一系列偶然事件（例如由于允许或抑制自然反应带来的奖惩）中也不会逐渐积累智慧。在那种情况下，即使我们假设学习能力、想象力和推理的方法在面对情绪性破坏时也可以保持完整（然而这几乎是不可能的），最终在司法和社会政治组织中所体现的规则的制定也几乎是不可想象的。随着情绪指导的自然系统或多或少地失灵，将不再存在使个体适应现实世界的可能性。此外，建立基于事实的、独立于缺失的自然系统的社会导航系统变得似乎不太可能。

尴尬；羞耻；愧疚

情绪刺激物：个体本人或行为上的弱点 / 失败 / 违反规则

结果：避免被他人惩罚（包括排斥和嘲笑）；保持自我、他人或团体中的平衡；强制执行社会习俗和社会规则

基础：恐惧；悲伤；顺从倾向

轻蔑；愤慨

情绪刺激物：其他人违反规则（独自；合作）

结果：破坏常规的惩罚；强制执行社会习俗和社会规则

基础：厌恶；愤怒

同情 / 怜悯

情绪刺激物：另一个个体遭受痛苦或需要帮助

结果：安慰，在他人或团体中平衡的恢复

基础：依恋；悲伤

敬畏 / 惊奇；仰望；感谢；骄傲

情绪刺激物：察觉到自身或他人对合作的贡献

结果：合作的回报；加强合作倾向

基础：快乐

图 4-4　一些主要的积极的和消极的社会情绪

在每组情绪下，我们确定能够触发情绪的刺激、情绪的主要后果，以及情绪的生理基础。若读者想要了解更多有关社会情绪的信息，请参见正文以及海特（J. Haidt）和施维德（R. Shweder）的研究[15]。

不管人们如何定义指导社会生活的道德准则的起源，这种可怕的情况

同样适用。例如，如果道德准则是在由社会情绪所影响的文化磋商中出现的，那么前额叶受损的人就不会参与这一过程，甚至不会开始建立道德准则。但是，如果人们相信那些准则是通过宗教预言移交给一些特定人选的，那么问题仍然存在。如果说宗教是人类最卓越的创造之一，那么没有基本的社会情绪和感受的人首先就不可能创造出宗教系统。正如我们将在第 7 章中讨论的那样，宗教叙事可能是为了应对重要压力而出现的，即自觉地分析悲伤、快乐，以及建立能够验证和执行道德规则的权威的需要。没有正常情绪就可能缺乏推动宗教发展的动力。世界上不会有先知，而那些具备领导能力的统治者和解释神秘现象、保护和补偿损失的实体也不会有被充满敬畏和钦佩的情绪倾向所鼓舞的追随者。适用于以上一种或多种情况上帝的观念很难出现。

然而，如果宗教预言被假定拥有超自然的本源，情况不会更好，先知只是揭示智慧的工具。道德准则仍需要通过奖惩的方式灌输到正在成长的天真儿童身上，而这在早期前额叶受损害的情况下是不可能的。在某些情境下，这类个体可能会在一定程度上感到快乐和悲伤，这些快乐和悲伤与定义基本道德问题的个人和社会知识类别无关。简而言之，不管人们将道德准则看作是基于自然的发展，还是基于宗教的发展，人类发展早期情绪和感受上的损害似乎对于道德行为的出现并不是一个好兆头。

将情绪和感受从人的形象中消除，必然导致随后的经验组织的贫乏。如果情绪和感受没有被适当地用于社交，并且如果社会情境与快乐和悲伤之间的联系破裂，那么个人将无法根据赋予其善恶的情绪和感受标记将事件的经历进行归类。这排除了对善与恶的概念进行后续构建的可能性，也就是说，无论其影响是好是坏，都应合理地对被视为善或恶的文化进行建构。

神经生物学与道德行为

我怀疑，在缺乏社会情绪和后续感受的情况下，即使不太现实地假设其他智力能力仍保持完好无损，我们所知的道德行为、宗教信仰、法律、正义、政治或社会组织的文化工具也不会出现，或者将是一种非常不同的智慧结构。但是请注意，我的意思并不是说情绪和感受独立地使这些文化工具出现。首先，可能促进这些文化工具出现的神经生物学特性不仅包括情绪和感受，还包括允许人类构建复杂自传的大容量个人记忆，以及允许感受、自我和外部事件这三者间密切联系的扩展的意识过程。其次，用简单的神经生物学解释道德、宗教、法律和公正的兴起几乎是不可行的。冒险地认为神经生物学将在未来的解释中起重要作用是十分合理的。但是，为了令人满意地理解这些文化现象，我们需要综合考虑人类学、社会学、精神分析学和进化心理学的思想，以及在道德、法律和宗教领域的研究发现。实际上，这一课题中最有可能产生有趣的解释的是一项新的研究，这项新研究旨在检验基于所有这些学科和神经生物学的综合知识的假设。[16] 这项工作才刚刚开始成形，并且无论如何，这超出了本章和我的准备工作的范围。然而，在人类甚至还没有开始有意识地构建社会行为的智能规范前，情绪可能就已经作为道德行为的必要基础，这一想法似乎是很明智的。**感受在非人类的物种进化阶段就已经出现，并且成为建立自动化社会情绪和合作认知策略的一个因素。**我对神经生物学和道德行为交集的立场可以用以下陈述来概括。

道德行为是社会行为的子集。从人类学到神经生物学，都可以通过各种科学技术手段来研究它们。其中神经生物学使用的手段包括实验神经心理学（在大型系统水平上）和遗传学（在分子水平上）的手段。多种手段相结合的研究方法可能会产生最丰硕的成果。[17]

道德行为的本质并非始于人类。鸟类（如乌鸦）和哺乳动物（如吸血蝙蝠、狼、狒狒和黑猩猩）的证据表明，从我们熟悉的视角来看，其他物种也可以以道德的方式行事。它们表现出同情、依恋、尴尬、自大和谦卑。它们可以谴责和补偿其他个体的某些行为。例如，吸血蝙蝠可以在群体的食物收集者中发现作弊者，并对其进行相应的惩罚。乌鸦也可以这样做。这样的例子在灵长类动物中尤其令人信服，绝不限于与我们关系最近的表亲，即大猩猩。恒河猴可以对其他猴子采取看似利他的行为。在罗伯特·米勒（Robert Miller）进行的、马克·豪瑟（Marc Hauser）讨论过的一个有趣实验中：如果猴子拖拽链条可以得到食物，然而另一只猴子会因此触电。猴子会表现出弃权行为，有些猴子几个小时甚至几天都不会吃东西。值得注意的是，那些知道电击潜在目标的动物。最可能表现出利他行为，同情心在熟悉的人身上比在陌生人身上表现得更强。先前受到过电击的猴子也更有可能表现出利他行为。动物当然可以在其团体内部进行合作或不合作[18]。这可能会使那些认为正义行为是人类特有特征的人感到不悦。就仿佛这还不足以让哥白尼告诉我们人类并非宇宙中心，由达尔文告诉我们自身卑微的起源，而弗洛伊德说我们不是自身行为绝对的主人。我们必须承认，即使在道德领域也存在先驱和后来者。但是人类的道德行为具有一定程度的精细度和复杂性，这一点使其与众不同。道德准则为熟悉这些准则的普通个人创建了独特的人类义务。进行编纂的是人类，围绕情况构建叙述的也是人类。我们可以接受这样的认识：我们的一部分生物学或心理的构成来自动物；我们对人类状况的深刻理解赋予我们独特的尊严。

我们最崇高的文化创造有先祖这一事实，并不意味着人类或动物都有单一和固定的社会性质。由于进化变异、性别和个人发展的变幻莫测，社会性质有好有坏。正如弗兰斯·德瓦尔在他的作品中所展示的那样，世界上有性情恶劣的猿类、具有攻击性和侵犯性的黑猩猩，也有性情温和的猿类，如倭黑猩猩，其美妙的性格就像比尔·克林顿和特蕾莎修女的结合。

我们所谓的人类道德建设可能始于整个生物调节的一部分。道德行为的萌芽本来就是发展过程中的一个步骤，其中包括所有提供代谢调节的无意识自动机制、驱力和动机、各种情绪和感受。最重要的是，唤起这些情绪和感受的情况要求包括合作在内的解决方案。不难想象，合作实践中会出现正义和荣誉。而另一层面的社会情绪，表现为群体内的支配或顺从行为，在定义合作的积极给予和索取中发挥了重要作用。

我们有理由相信，具有全部这类情绪并且其人格特征包含合作策略的人，更有可能生存更久，并留下更多的后代。这是为有能力产生合作行为的脑建立良好基因组基础的方法。这并不是说合作行为是由基因决定的，更不用说一般的道德行为了。所有可能需要的是许多一致存在的基因，这些基因可能赋予脑某些特定区域的电路和相应的线路，例如，腹内侧前额叶等区域可以将感知到的某种类别事件与某些特定情绪和感受回应相互关联。换句话说，一些协同工作的基因将促进某些脑组件的构建以及这些组件的正常运行，反过来，在适当的环境下，这些运行又会使某种类型的认知策略和行为在特定情境下更可能发生。从本质上说，进化会赋予我们的脑必要的器官来识别特定的认知结构，并触发特定的情绪，这些情绪与这些结构所带来的问题或机会的管理相关。对这一非凡仪器的精确调整将取决于生物体发展的历史和环境。[19]

别以为通过带来适当的行为、进化和基因库就单纯地使事情变得美好，我要指出，良好的情绪和值得称赞的适应性利他主义与群体有关。在动物界，这些群体包括狼群和猿猴部落。在人类中，则包括家庭、部落、城市和国家。对于那些群体之外的人来说，这些反应的进化史表明他们不太友善。当这些美好的情绪被群体之外的敌人盯上时，它们很容易变得肮脏和野蛮。结果就是愤怒、怨恨和暴力，所有这些我们都可以将其轻易地看作是部落仇恨、种族主义和战争的萌芽。现在是时候提醒人们，最好的行为不一定是在基因组的控制之下。在某种程度上，人类文明的历史是有说服力的历史，其目的是将"道德情感"的最高标准扩展到越来越广泛的范围内，超越内部的限制，最终涵盖全人类。阅读每天的新闻标题就能很容易地发现，我们离完成工作还有很远的距离。

还有更多的天生的阴暗面需要应对。支配的特征，就像它的补充物顺从一样，都是社会情绪的重要组成部分。支配具有积极的一面，即具有支配地位的生物倾向于为群体问题提供解决方案。他们进行谈判并领导战争，他们沿着带来水、水果和庇护所的得救之路，或者沿着预言和智慧的道路前行，使群体得以生存。但是，那些具有支配性地位的个体也可能成为暴虐的霸王、暴君，尤其是当支配与其邪恶的孪生兄弟——非凡的领导力——携手共进时。他们可能会误判，并带来错误的战争。对这些人来说，善良的情绪只为极少数由他们自己和最能为他们维持稳定的人组成的团体而保留。同样，顺从的特质对在冲突之下达成共识有促进作用，但也会使个人在暴政下畏缩，并且由于过度服从而加速整个群体的衰落。

当有意识的、智慧的和有创造力的生物沉浸在文化环境中时，我们人类已经能够塑造道德准则，将其编写成法律，并设计法律的应用。我们也将继续这一努力。在社会环境和这种集体产生的文化中，相互作用的有机体的群体在理解这些现象方面同样重要，甚至更重要，即使文化在很大程度上受到进化和神经生物学的自我制约。可以肯定的是，文化的有益作用在很大程度上取决于人类生命科学图景的准确性，文化用这一图景开拓其未来之路。而这正是将现代神经生物学与社会科学传统结构相融合可能带来的影响。

很大程度上出于相同的原因，阐明道德行为背后的生物学机制并不意味着这些机制或其功能障碍是某些行为的必然原因。它们可能是决定性的，但并不一定。该系统是如此复杂和多层次，以至于其享有一定的自由度。

毫不奇怪，我相信道德行为取决于某些脑系统的运行。但是这些系统不是中心，我们没有一个或几个"道德中心"。甚至腹内侧前额叶皮层也不应被视为中心。此外，支持道德行为的系统可能并非专门用于道德。它们还对生物调节、记忆、决策和创造力起作用。道德行为是其他活动的最为绝妙和有用的副作用。但是我在脑中无法看到道德中心，甚至没有道德体系。

　　根据这些假设，感受的基础作用与它们自然的生命监测功能有关。自从感受开始以来，它们的自然作用就一直是把生命的条件记在心里，并使生命的条件在行为的组织中起作用。正是因为感受在继续发挥作用，我也相信它们应该在目前的评价、发展，甚至是我们一直提到的文化工具的应用中发挥关键作用。[20]

　　如果感受能反映每个人或有机体的生活状态，那么感受也能反映任何人类群体的生活状态，无论这群体大还是小。对社会现象与快乐和悲伤经历之间的关系进行明智的反思，似乎对于创建司法和政治组织体系的长期人类活动而言，是不可或缺的。也许更重要的是，感受，特别是悲伤和快乐，可以激发在物质和文化环境中创造条件，减轻痛苦和增进社会福祉。在过去的一个世纪中，生物学领域的发展以及医学技术的进步不断改善了人类的状况，与管理自然环境有关的科学技术也得到了改善，甚至在某种程度上艺术也得到了发展，民主国家的财富也获得了增长。[21]

内稳态与社会生活治理

　　人类的生活首先受到新陈代谢平衡、食欲、情绪等自然且自动的内稳衡装置的调节。这种最成功的安排确保了一件相当惊人的事情：所有生物都有平等的机会获得管理生命基本问题的自动解决方案，这与它们的复杂性以及它们在环境中的生态位的复杂性相称。然而，成年人生活的调节必须超越这些自动化解决方案，因为我们的物理和社会环境是如此复杂，以至于对生存和福祉所需资源的竞争很容易引起冲突。本来获取食物和寻找伴侣的简单过程也成了复杂的活动。这其中还伴随着许多其他复杂的过程，例如制造业、商业和银行业，医疗保健，教育和保险业以及其他众多支持性活动，这些活动的结合构成了人类经济社会。我们的生活不仅必须由我们自己的欲望和感受来调节，而且必须由我们对表达为社会习俗和道德行为规则的他人的欲望和感受的关注来调节。这些公约和规则以及实施这些公约和规则的机构（宗教、司法和社会政治组织）已成为在社会群体这一层面维持内稳态的机制。反过来，诸如科学技术之类的活动也有益于社会内稳态机制。

所有参与社会行为治理的机构往往都不被视为调节生活的工具，这也许是因为它们经常不能正确地完成自己的工作，或者是因为它们的当前目标掩盖了与生活过程的联系。但是，这些机构的最终目标恰恰是调节特定环境中的生活。在个人或集体层面上，无论是直接还是间接地，着重点的变化很小，这些机构的终极目标是促进生命和避免死亡，提高幸福感和减少痛苦。

这对人类很重要，因为只有在环境（不仅是物理环境，还有社会环境）变得极其复杂时，自动生活调节才能如此发展。没有思考、教育或正式的文化工具的帮助，非人类物种也会表现出有用的行为，从琐碎的寻找食物或配偶，到崇高的对同类表示同情。但是，再看一下我们人类。我们当然不能放弃基因赋予的先天行为的任何一个部分。然而，显而易见的是，自农业发展以来的一万多年，随着人类社会变得越来越复杂，人类的生存和福祉还取决于社会和文化空间中另一种非自动化的治理。我指的是通常与我们推理和决策自由相关联的事物。[22] 这不仅使人类像黑猩猩和其他非人类物种一样对他人的痛苦表示同情。我们也知道，我们感受到了同情，并且，结果可能是，我们首先对激发这种情绪和感受的事件背后的环境，做了一些事情。

大自然已经花费了数百万年的时间来使内稳态的自动化装置日趋完美，而非自动化装置仅有几千年的历史。但我也看到了自动化和非自动化生活调节之间的其他区别。自动化装置的目标、方式和手段已经得到确立并且有效。但是，当转向非自动化装置时，我们发现尽管一些目标已得到广泛认可（例如不杀死其他个体），但仍有许多目标需要商榷，有待建立（例如怎样帮助患病和需要帮助的人）。此外，实现目标的方式和手段随人类群体和历史时期的不同而不同，而且绝非固定不变。感受可能有助于明确定义人类最精炼的目标；不是伤害他人而是利他。但是，人类的故事是一个努力寻找可接受的方式和方法来实现这些目标的故事。也许有人会说，马克思主义的目标尽管狭窄，但在某些方面值得称赞，因为其声明的目标是建立一个公平的世界。然而，促进马克思主义社会的方式是灾难性的，因为除其他原因外，其经常与完善的自动生活调节机制发生冲突。更大的集体利益往往需要许多人遭受痛苦和折磨，结果造成了惨重的人类悲剧。纳粹主义很容易证明非自动化策略的发端和脆弱性，其中目标、方式和手段都存在严重缺陷。因此，在大多数情况下，非自动化装置是一项正在进行中的工作，仍然受到谈判目标和寻找不违反生活规则其他方面的方法和手段的巨大困难的阻碍。**从这个角度来看，我认为感受对于维持文化团体所认为的不可侵犯和值得完善的目标至关重要。感受也是一种必要引导，引导人们发明和协商各种方式方法，使之在某种程度上不会与基本的生活规则发生冲突，也不会扭曲目标背后的意图。感受在今天仍然和人类第一次发现杀害他人是一种有问题的行为时一样重要。**

社会习俗和道德准则在某种程度上可以看作是社会和文化层面上基本内稳态的扩展。应用该规则的结果与基本的内稳态装置（例如新陈代谢或食欲）的结果相同，是确保生存和幸福的生活之间的平衡。但是，扩展部分不止于此，它进入了更大的组织层面，而社会团体是其中的一部分。支配民主国家的宪法、与宪法相符的法律以及在司法系统中法律的应用也是内稳态装置。它们通过一根长长的"脐带"与模仿它们的内稳态调节其他层级联系在一起：欲望和渴望、情绪和感受，以及对两者的有意识的管理。世界范围内的社会协调机构，如世界卫生组织、联合国教科文组织和备受打击的联合国，也在20世纪初起步。所有这些机构都可以看作是大规模促进内稳态的重要组成部分。然而，这些机构虽然经常取得良好成绩，但也有许多弊病，其政策常常因有缺陷的人道观念而为人所知这些人道观念没有考虑到新的科学研究成果。尽管如此，这样不完美的存在仍然是进步的标志和希望的灯塔，无论这灯塔的光多么微弱。并且可能还有其他让我们充满希望的原因。对社会情绪的研究目前仍然处于初期。如果对情绪和感受的认知神经生物学研究可以与例如人类学和进化心理学相结合，则很可能可以检验本章中的某些观点。我们可能会瞥见人类生物学和文化如何真正地相匹配，甚至还可以猜测在其长期的进化历程中，基因组与物理环境和社会环境是如何相互作用的。

我再次指出，上述内容是有待检验的观点。关于道德行为的神经生物学的正式观点不在本书的讨论范围之内，因此，从历史角度对这些观点进行讨论也超出了本书的范围。[23]

美德的基础

我在这本书的前面写道，我回到斯宾诺莎几乎是偶然的，因为我试图检查我写在一张发黄的纸上的一句话的准确性，这是我很久以前在斯宾诺莎的著作中读到的。为什么我保留这这句话？也许是因为我觉得这句话是特别的、有启发性的。但是我一直没有停下来仔细分析它，直到它从我的记忆中转移到我正在处理的书页上。

这一引用来自《伦理学》第四部分的命题18，内容如下："美德的最初基础是维护个人自我的努力（倾向），而幸福则在于人类维护自身的能力。"在拉丁文中读为"…virtutis Jundamentum esse ip sum conatum proprium esse conservandi, et felicitatem in eo consistere, quod homo suum esse conservare potes"。在进一步讨论之前,我们先对斯宾诺莎使用的术语进行评论。第一,如前所述,"conatum"一词可以表示为尽力、倾向或努力;而斯宾诺莎的本意可能是这些含义中的任何一个,或者可能是这三种含义的结合。第二,"virtutis"一词不仅可以指其传统的道德含义,还可以指权力和行动能力。我后面将回到这个问题。奇怪的是,在这段拉丁文中他使用了"felicitatem"一词,该词一般翻译为幸福,而不是"laetitia",后者可以被翻译被快乐、兴高采烈、喜悦和幸福。

乍一看,这句话听起来像是对我们这个时代的自私文化开的处方,但它的真正含义却与此相左。在我看来,这个命题是建立宽泛的道德体系的基石。可以肯定的是,在我们可能要求人类遵循的任何行为规则的基础上,都有一些不可剥夺的东西:一种生物,由于其拥有者的思想构造了一个自我而被其拥有者所知,其具有一种保护自身生命的本能趋势;以及同一生物的最佳功能,归于快乐的概念,源于成功地为忍耐和胜出所做出的努力。我用美国深刻的表达将斯宾诺莎的命题诠释如下:**我认为这些真理是不言而喻的,即所有人生来就是这样,他们倾向于保护生命并寻求幸福,他们的幸福来自成功的努力,这些事实就是美德的基础。**也许这些共鸣并不仅仅是巧合。

斯宾诺莎的说法敲响了警钟,但确实需要详细阐述才能充分理解其影响。为什么关心自己是美德的基础,难道美德只属于那个自我?或者说得更直白些,斯宾诺莎如何从单一的自我走向所有美德必须适用的自我?斯宾诺莎再次凭借生物学事实实现了这一转变。程序如下:自我保护的生物学事实带来美德,是因为在维护自身的不可剥夺的需求时,在必要时我们必须帮助维护他人的自我。如果不这样做,我们就会灭亡,从而违反了基本原则,并且放弃了自我保护的美德。美德的次要基础是社会结构的现实性,以及与我们自己的有机体在复杂系统中相互依存的其他有机体。从字面上看,我们处于困境之中。这种转变的本质可以在亚里士多德的思想中找到，但是斯宾诺莎将其与生物学原理联系在一起，即这是自我保护的使命。

从今天的角度来看，这就是这句名言背后的美妙之处：它包含了道德行为体系的基础，而这一基础是神经生物学的。该基础是基于对人性观察的结果而不是先知的启示。

人类是鲜活的，并拥有欲望、情绪和其他自我保护机制，其中包括认知和推理的能力。意识尽管有其局限性，但却为知识和理性开辟了道路，而知识和理性又使个人能够发现善与恶。并且，善恶并没有被揭示出来，而是被分别发现的，或是通过社会间的共识来被发现的。

善与恶的定义简单而合理。善的事物是那些以可靠和可持续的方式促使斯宾诺莎认为增强了行动的力量和自由的快乐状态的事物。恶的事物是那些引起相反结果的事物：它们与生物体的接触对该生物体来说是不愉快的。

善恶行为又是怎样的呢？善的行为和恶的行为不仅是符合或不符合个人欲望和情绪的行为。善的行为是指那些通过本能的欲望和情绪为个体带来好处，同时又不损害其他个体的行为。该禁令是明确的。可能有益于个人却会伤害他人的行为是不好的，因为伤害他人总是会带来困扰，并最终给自己带来伤害。因此，这种行为是恶的。"……我们的利益尤其在于与其他人和社会利益相联系的友谊中。"（《伦理学》第五部分，命题 10）我将斯宾诺莎的命题解释为：该系统在每个人都存在自我保护机制的基础上构建道德要求，但同时也要考虑社会和文化因素。除了每个个体本身之外，还有其他个体，作为个人和社会实体以及他们的自我保护，例如欲望和情绪必须加以考虑。斯宾诺莎的发明既不是自然倾向的本质，也不是对他人的伤害就是对自身的伤害这一观点。但斯宾诺莎的新颖之处也许在于两者的强力融合。

与其他人达成和睦共处的协议的努力是对自我保护的努力的扩展。社会和政治契约是个人生物学任务的延续。我们恰巧以某种方式进行了生物构造，以生存和使愉悦最大化而非痛苦地生存为使命，并且由此产生了一定的社会共识。我们可以合理地假设，寻求社会共识的倾向本身已被纳入生物学任务中，至少部分原因是那些脑在很大程度上表达了合作行为的人群的成功进化。

除基本生物学外，还有一项人类法令也有生物学渊源，但仅出现在社会和文化环境中，是知识和理性的理智产物。斯宾诺莎清楚地感觉到了这一安排："例如，所有的物体撞击到较小的物体上，失去的动量和传递到较小物体的动量一样大，这是所有物体的普遍规律，并且依赖于自然的必然性。因此，一个人在记住一件事时，就会想起另一件类似的事，或者与之同时感知到的事，这也是一条必然遵循的人的本性的规律。但是，人们必须让出或被迫让出某些自然权利，以及约束自己以某种方式生活，这种法律取决于人类的法令。现在，尽管我坦率地承认，万物都是由普遍的自然法则所预先决定的，并且在既定条件下以固定且确定的方式存在和运行，但我仍然认为上述提到的法律取决于人类法令。"[24]

斯宾诺莎若知道，人类法令之所以具有文化根源，原因之一是人脑的设计倾向于促进其实践，他将会很高兴。实现人类法令所必需的某些行为的最简单形式，例如互惠的利他主义和谴责，可能只是在等待被社会经验唤醒。我们必须努力制定和完善人类法令，但在一定程度上，我们的脑在此过程中会与他人合作以使该法令成为可能。这是个好消息。当然，坏消息是，许多消极社会情绪及其在现代文化中的利用，使人类法令难以实施和完善。

在斯宾诺莎的体系中，生物学事实的重要性再怎么强调也不过分。从现代生物学的角度看，这个体系受到生命存在的制约；一种保护生命的自然倾向的存在；生命的保存依赖于生命功能的平衡，因此也依赖于生命的调节；事实上，生命调节的状态是以情感（快乐和悲伤）的形式表现出来的，由欲望调节；人类个体通过自我、意识和以知识为基础的理性的构建，可以认知和理解欲望、情绪和生活状况的不稳定性。有意识的人将食欲和情绪理解为感受，这些感受加深了他们对生活脆弱性的了解，并将其变成一种关心。出于上述所有原因，人们的这种关心从自我流向了他人。

我并不是在说斯宾诺莎曾经说过道德、法律和政治组织是内稳态的手段。但是，考虑到他看待道德、国家结构和法律的方式，作为个人实现快乐表达的自然平衡的手段，这一观点与他的体系是兼容的。

人们常说斯宾诺莎不相信自由意志，因为这一观念似乎与道德体系直接冲突，在道德体系中，人类根据明确的命令来决定行事的特定方式。但是斯宾诺莎从未否认：我们有意识地做出选择，并且我们可以出于任何目的做出选择，并任意地控制自己的行为。他不断地建议我们放弃所有我们认为错误的行为，而做我们所认为的正确的行为。他拯救人类的整个策略取决于我们深思熟虑的选择。斯宾诺莎的问题是，许多看似深思熟虑的行为可以用我们生理构造的先验条件来解释，而最终，我们所想和所做的一切都是由某些我们可能无法控制的先验条件和过程产生的。但我们仍然可以说一个绝对的"不"，就像康德一样坚定和迫切，不管"不"的自由是多么虚幻。

斯宾诺莎的命题 18 还有一个附加含义。它取决于美德一词的双重含义、对幸福概念的强调，以及《伦理学》第四部分和第五部分中的许多评论。某种程度的幸福很简单地仅来自按照自我保护倾向来行动，这是必要的，但不能带来更多幸福。除敦促建立社会契约外，斯宾诺莎还告诉我们，幸福是摆脱消极情绪肆虐的力量。幸福不是对美德的回报，它就是美德本身。

感受是为了什么

那么，我们为什么有感受？感受对我们有什么帮助？没有它们，我们会更好吗？这些问题一直被认为是无法回答的，但是我相信我们从现在开始可以解决这些问题了。一方面，我们对感受是什么有了可行的想法，这是尝试发现感受是什么以及它们的作用的第一步。另一方面，我们刚刚看到了情绪和感受的合作关系如何在社会行为以及道德行为中起关键作用。怀疑者可能仍不相信，并认为仅凭无意识的情绪就足以指导社会行为；或情绪状态的神经映射就足够了，而不需要将这些映射变成心理事件，即感受。简而言之，即不需要心智，更不用说有意识的心智了。让我尝试回答那些怀疑者。

关于"为什么"的回答如下。为了使脑协调生命所依赖的无数身体功能，它需要具有可以随时表征各种身体系统状态的映射。此操作的成功取决于此种大规模的映射。重要的是，要知道不同身体部位正在发生什么，以便可以减缓、停止或调用某些功能，并可以对有机体的生命管理进行适当的矫正。我想到的类似例子包括由外部造成或由感染引起的局部伤口，心脏或肾脏等器官功能失调，或激素失调。

神经映射对于生命的管理至关重要。事实证明神经映射是被称为感受的精神状态的必要基础。这使我们与"为什么"这个问题的答案更近了一步：感受可能是脑参与生活管理的副产品。如果没有人体状态的神经映射，就不可能有感受这种东西。

这些答案可能会引起一些异议。例如，可以说，由于生命管理的基本过程是自动化的和无意识的，因此在一般意义上有意识的感受是多余的。持怀疑态度的人会说，脑可以仅根据神经映射来协调生活过程并执行生理矫正，而不需要有意识的感受的帮助。心智不需要知道映射的内容。这一论点只有幸福是摆脱负性情绪肆虐的力量。幸福不是对美德的回报，它就是美德本身。

斯宾诺莎说
LOOKING
FOR
SPINOZA

Joy, Sorrow, and the Feeling Brain

部分是正确的。确实，在某种程度上，即使有机体的"所有者"不知道这种状态映射存在，人体状态映射也可以帮助脑进行生命管理。但是反对意见遗漏了先前提出的重要观点。身体状态映射只能提供有限的帮助，而不会产生有意识的感受。这些映射仅仅适用于一定程度的复杂性问题；当问题变得过于复杂时，当需要自动响应和基于累积知识的推理合作时，无意识的映射将不再有用，感受便会派上用场。

正如神经科学目前所描述的那样，感受层面为这些事件的神经映射层面无法提供的问题解决和决策带来了什么？在我看来，答案有两个方面，一个方面与感受作为有意识的心智中心理事件的状态有关，另一个方面与感受所代表的意义有关。

感受是心理事件这一事实与以下原因有关。感受可以帮助我们解决涉及创造力、判断力和决策力的非标准问题，这些问题需要展示和运用大量的知识。只有生物学操作的"心理层面"才能及时整合解决问题过程所需的大量信息。因为感受具有必要的心理层面，所以它可以进入心理冲突并影响操作。在第 5 章的结尾，我将回到神经过程的心理层面所带来的其他层面没有带来的问题。

感受会给心理冲突带来什么同样重要。有意识的感受是突出的心理事件，它唤起对产生它们的情绪的注意，以及对触发这些情绪的对象的注意。在具有自传体自我的个体中，个人的过去感和预期的未来感也被称为扩展意识，即感受状态促使脑显著地处理与感受相关的对象和情境。可以按照需要回顾和分析导致对象分离和情绪发作的评估过程。此外，有意识的感受还需要引起人们对情境后果的关注：触发情绪的对象要做什么？触发情绪的对象如何影响产生了感受的人？这个人现在有什么想法？在自传体的背景下，感受引起了对经历它们的个体的关注。过去、现在和预期的未来将得到适当的关注，并有更好的机会去影响推理和决策过程。

当感受被拥有它们的有机体的自我认识到时，感受就会改善并扩大管理生命的过程。感受背后的机制通过提供关于每个特定时刻里生物体不同组成部分的状态的明确且突出的信息，来实现生存所必需的生物学修正。感受给相关的神经映射贴上了标签，上面写着："做个标记！"

有人可能会总结说，感受是必要的，因为它们是情绪及其背后的心理层面的表达。只有在这种生物学过程的心理层面上，并在意识的充分作用下，现在、过去和预期的未来才能够充分融合。只有在这个层面上，情绪才有可能通过感受带来对自我的关注。有效解决非标准问题需要心理过程提供灵活性和强大的信息收集能力，以及感受提供的心理关注。

学习和回忆具有情绪能力的事件的过程，在有意识的感受与没有感受时是不同的。有些感受可以优化学习和回忆。其他感受，尤其是极度痛苦的感受，会扰乱学习并保护性地抑制回忆。一般而言，对感受状况的记忆有意识或无意识地促进了个体对与消极情绪有关事件的回避，以及对可能带来积极情绪的情景的追寻[25]。

作为感受的基础的神经机制在进化过程中占据了主导地位，对此我们并不感到惊讶。感受并非是多余的。内心深处的所有琐碎内容都非常有用。要让人相信感受是善与恶的必要仲裁者，这并不简单。当务之急是要发现感受可以进行仲裁的情境，并合理使用情境和感受的组合来指导人类行为。

LOOKING FOR

Joy, Sorrow,
and the Feeling Brain

SPINOZA

第 5 章　身体、脑与心智

心智和身体是两样不同的事物还是同一种事物？如果它们
不一样，那么心智和身体是由两种不同的物质组成的还是
只有一种？如果是有两种物质，是心智实体先出现并造成
身体和脑的存在，还是身体物质先出现而它的脑产生了心
智？……这些"身 - 心问题"的解决对于理解"我是谁"至
关重要。

心智与身体

　　心智和身体是两样不同的事物还是同一种事物？如果它们不一样，那么心智和身体是由两种不同的物质组成的还是只有一种？如果是有两种物质，是心智实体先出现并造成身体和脑的存在，还是身体物质先出现而它的脑产生了心智？还有，这些物质是如何相互作用的？现在我们较为详细地了解了神经回路是如何运作的，那这些回路的活动是如何与我们所自省的心理过程相联系的？这些就是所谓的"身－心问题"涉及的一些主要问题，这个问题的解决对于理解"我是谁"至关重要。在许多科学家和哲学家看来，这个问题要么不成立，要么已经解决了。但就上面所提出的问题而言，人们普遍同意的是，心智是一种过程，而不是一种东西。当完全理性、聪明并受过教育的人可能对这些问题产生强烈的分歧时，至少可以说，解决方案不是令人不满意就是没有被满意地呈现。

　　直到最近，"身－心问题"仍然是一个实证科学领域之外的哲学问题。即使在20世纪，似乎到了用心智和脑的科学来解决这一问题的时候，但就方法和路径而言，存在的障碍是如此之多，以至于这一问题的解决再次被推迟。只有在过去的十年里，该问题主要作为意识研究的一部分，才最终进入了科学议程。然而，需要注意的是，意识和心智并不是同义词。在严格意义上说，意识是一种过程，在这个过程中心智被灌输了一种我们称为自我的参照，它使我们知道自己的存在以及周围物体的存在。在其他地方，我已经解释过，在某些神经病学情形下，有证据表明心智过程在继续，但意识受到了损害。不过，意识和有意识的心智是同义的。[1]

神经生物学和认知研究已经阐明了身－心之谜的某些方面，但由此产生的解释仍存在很大争议，以至于人们没有动力去反思现有证据或收集新证据。这是不幸的，因为尽管存在障碍，但进展仍在取得，并且从理论上说，只要理论上眼睛仍可以自由观察，我们可以发现的知识会比现在看到的要更多。[2]

在这一点上，本书考虑身－心问题是恰当的，原因有两个。第一，我所提出的关于情绪和感受的大部分内容都特别涉及关于身－心问题的辩论。第二，这个问题是斯宾诺莎思想的核心。事实上，斯宾诺莎也许已经找到了解决方案的一部分，这种可能性无论正确与否，都增强了我在这个问题上的信念。也许正是出于这个原因，我记得我第一次巩固当前我对这个问题的观点的时间和地点。那是在海牙，我被邀请参加惠更斯讲座。

1999 年 12 月 2 日在海牙

一年一度的惠更斯讲座是以克里斯蒂安·惠更斯的名字命名的。惠更斯与脑、心智或者哲学没有什么关系，相反与天文学和物理学密切相关。他喜欢空间：他发现了土星环，并通过针孔观察太阳来估算地球和恒星之间的距离。他喜欢时间：他发明了摆钟。他喜欢光：惠更斯原理指的是光的波动理论。作为荷兰历史上最著名的科学家，他是这个年度演讲的守护神，而这个演讲旨在展示任何科学领域的成就。顺便说一句，惠更斯的父亲康斯坦丁，在他的时代，和他的儿子一样有名，同样引人注目。他的知识涵盖了拉丁语、音乐、数学、文学、历史和法律。他是一位多才多艺的艺术鉴赏家。他是名诗人。他是一位政治家，担任荷兰总督的秘书，他的父亲也曾任此职。用合适的画作填满国家宫殿的紧迫任务也使他成为艺术的赞助人。他的伟大发现：伦勃朗。

我演讲的主题是有意识的心智的神经基础，考虑到过去一年我的大致想法，和惠更斯的联系是非常合适的。惠更斯和斯宾诺莎是同时代的人。他们出生相隔不到三年，甚至有一段时间是邻居。当然，惠更斯过着奢华的生活，而不是住在一间租来的公寓里，惠更斯家族在海牙有一座宫殿，并且在海牙和沃尔堡之间还有一座大型庄园。不过，他们确实呼吸着同样的空气，还见过几次面。惠更斯从斯宾诺莎那里获得了镜片，并不时写信给他，询问一些哲学问题。斯宾诺莎很熟悉惠更斯的作品，并拥有他的书。1666 年，在斯宾诺莎写给惠更斯的信中，至少有三封是回应惠更斯关于上帝统一性的问题。他们互相称呼对方为"尊贵的先生"，在这种实事求是的语气背后，让人感觉他们之间并不是很亲近。斯宾诺莎直截了当，没有在礼仪细节上浪费时间。如今被驱逐的荷兰犹太人和已确立地位的荷兰贵族的世界或许因他们的求知欲而建立了联系，但他们的个性似乎太过不同，以致不可能建立任何友谊。尽管如此，他们知道彼此的立场。惠更斯知道斯宾诺莎对惠更斯曾经的老师勒内·笛卡尔没有多少耐心，笛卡尔曾向年轻的惠更斯安教授代数的奥秘，并且这是好事，因为惠更斯几乎和斯宾诺莎一样对笛卡尔的思想不再抱有幻想，尽管原因并不完全相同。惠更斯可能把斯宾诺莎称为"福尔堡的犹太人"或"我们的以色列人"，但他认为斯宾诺莎生产的镜片是最好的，并且他尊重斯宾诺莎的智慧，把斯宾诺莎视为潜在的竞争对手。惠更斯在巴黎生活了很长一段时间，并且在那里他舒适地躲过了大部分涉及荷兰人的战争。惠更斯会从巴黎给弟弟写信，劝告他不要和斯宾诺莎分享新思想。这种冷漠是相互的。

惠更斯讲座在新教堂举行，这是 17 世纪的标志性建筑，距离斯宾诺莎的墓地只有几码远，距离斯宾诺莎的家也只有几个街区。[3] 在我说话的时候，我被斯宾诺莎的思想弄得心烦意乱，斯宾诺莎在我身后，在我左边，在我身后，在我右边。我忠实地传递着我所计划的演讲，但我的脑海中产生了这样一个想法：斯宾诺莎可能已经预见了我将要陈述的一些结论。

看不见的身体

很容易理解为什么心智似乎是一个令人生畏的、不可接近的秘密。心智，作为一个实体，似乎与我们所知道的其他事物，也就是我们周围的物体，以及我们看到和触摸到的身体部位，在本质上是不同的。被称为实体二元论的身 - 心问题的观点抓住了第一印象：身体及其部分是物质，而心智不是。当我们不受现有科学知识的影响，让我们的一部分心智自然而天真地观察我们其余的心智时，这些观察似乎揭示了两方面：一方面，构成我们身体的细胞、组织和器官的广泛的有形的物质。另一方面，它们揭示了我们无法触及的东西，即所有迅速形成的感受、视觉和声音，构成了我们心智中的思想，在没有任何支持或反对证据的情况下，我们假定它们是另一种物质，一种无形的物质。

因这些无知的思考而产生的身 - 心问题的观点把心智分裂到一边，把身体和脑分裂到另一边。这种观点，即实体二元论，已不再是科学或哲学的主流，尽管它可能是今天大多数人所认同的观点。

总的来说，实体二元论观点是笛卡尔将其发扬光大的，这很难与他卓越的科学成就相调和。笛卡尔在构思身体运作的复杂机制方面走在了他的同行的前面。他通过将保持分离的两个世界（物理无机世界和生物有机世界）编织在一起，打破了学术传统。他同样擅长为心智构思复杂的操作，并坚持心智和身体是相互影响的。然而，他从来没有提出过一种可行的方法来让这些相互影响发挥作用。奇怪的是，笛卡尔提出心智和身体是相互作用的，但是除了说松果体是这种相互作用的管道之外，他从来没有解释这种相互作用是如何发生的。松果体是一个小的结构，位于脑的中线的底部，它被证明其连接作用相当贫乏，并不能完成笛卡尔所要求它做的重要工作。尽管笛卡尔对心理和生理的身体过程有着复杂的观点，他单独考虑了这些观点，但他要么没有说明心智和身体之间的相互联系，要么使它们变得难以置信。波希米亚的伊丽莎白公主，是那种我们都希望拥有的聪明而友好的学生，当时清楚地看到了我们现在所清楚看到的：心智和身体为了完成笛卡尔要求它们做的工作，它们需要制造联系。然而，由于笛卡尔清空了心智中所有的物理属性，身心接触变得不可能[4]。

对于笛卡尔来说，人的心智缺乏空间延伸和物质实体，这两个消极特征使得人的心智能够在身体不复存在后继续生存。它是一种物质，但不是有形的。笛卡尔是否真的相信这个构想并不确定。他可能在某个时候相信了它，然后就不信了，这也并不完全意味着批判。这仅仅意味着笛卡尔对这个概念的不确定和矛盾，这个概念长期地将人类，无论是博学的还是无知的，聪明的还是愚蠢的，带入了完全相同的不确定和矛盾状态。非常人性化，非常容易理解。然而，不论相信与否，他的构想肯定了个体心智的永恒，而这一事实使他逃脱了仅仅几年后斯宾诺莎所遭受的诅咒。与斯宾诺莎不同的是，直到我们所处的时代，笛卡尔都一直被哲学家、科学家和普通大众所承认，尽管他们并非总是喜爱他。

尽管笛卡尔的观点在科学上有缺陷，但它与我们理应对自己的心智产生敬畏和好奇有所共鸣。**毫无疑问，人类的心智是特别的：特别在它有巨大的能力去感受快乐和痛苦，并能意识到他人的痛苦和快乐；特别在它具有爱与宽恕的能力；特别在它惊人的记忆上；特别在它具有象征和叙述的能力上；**

特别在它语言的语法天赋上；特别在它理解宇宙并创造新宇宙的力量上；特别在它处理和集成不同信息以解决问题的速度和灵活上。但是，对人类心智的敬畏与好奇和对身体与心智关系的其他观点是并存的，这并不能使笛卡尔的观点更加正确。

随着可能由内省所带来的观察逐渐被神经病学的现代科学事实所证实，关于身－心问题的实体二元论观点失去了吸引力。心理现象被揭示为密切依赖于许多特定的大脑回路系统的运作。例如，视觉取决位于从视网膜到大脑半球路径上的几个特定神经区域。当其中一个区域被移除时，视觉就会受到干扰。当所有与视觉相关的神经区域被移除时，视觉整体就会受损。听觉、嗅觉、运动、语言，或者任何你想到的高级心理功能也是如此。即使是特定神经系统的微小扰动也会引起心理现象的重大改变。某些神经区域的神经细胞受到局部的损害而引起的混乱，就像中风会引起损伤一样，会显著地改变感受和思想的内容和形式。正如我们所知，即便在没有发生永久性损伤的情况下，由于药物的作用，这些神经细胞的功能也会发生暂时的化学和药理学变化。所以，也许对于大多数研究心智和脑的科学家而言，心智对于脑工作的密切依赖已不再是疑问。我们都可以赞颂希波克拉底的先见之明，他在几千年前就持有同样的观点，而且完全是他自己的观点。

揭示了从脑到心智的因果关系，以及心智对脑的依赖，当然是一个好消息，但我们应该认识到，我们还没有令人满意地阐明身－心问题，并且这一事业还面临着大大小小的障碍。这些障碍中至少有一个可以通过简单的改变视角来克服。这个障碍与一个奇怪的情况有关：**虽然现代科学中脑和心智的耦合是最受欢迎的，但它并没有消除心智和身体之间的二元分裂，它只是简单地改变了裂口的位置。**在最受欢迎和最流行的现代观点中，心智和脑融合为一方面，而身体（也就是除去脑的整个有机体）是另一方面。现在，这种分裂分离了脑和"身体本体"，当身体的脑部分与身体本体分离时，解释心灵和脑是如何关联的就变得更加困难了。遗憾的是，这种二元论框架仍然像屏障一样起作用，让我们不能清楚地看到眼前的东西，即最广义的身体，以及它与心智形成的关联。

这个看不见的身体让我想起了切斯特顿（Chesterton）的"隐形人"[5]。你可能知道这个故事。一场早有预兆的谋杀发生在一所房子里，而这所房子有四个人站岗，密切注视着进出这所房子的人。这场被完全预料到的谋杀会发生并不是一个谜团。谜团是受害者是独自一人，而四名观察者坚持认为：没有人进出过房子。但这是完全错误的：邮递员已经进了房子，做完了事情，并在他们眼皮底下离开了房子。他甚至在雪地上留下了不慌不忙的脚印。当然，每个人都看到过邮递员，但都声称没有看见过他。邮递员根本不符合他们为确定可能凶手的身份而制定的理论。他们在看，但没有看见。

恐怕在身 - 心问题背后的巨大谜团中，已经发生了类似的事情。努力找到一个解决方案，即使是部分解决方案，也需要改变视角。它需要一种理解，即心智来自或位于身体内部的脑，它与身体相互作用；由于脑的调节，心智根植于身体本身；心智在进化中占了上风，因为它帮助维持身体本身；意识来自或存在于生物组织，即神经细胞，它们具有和身体本身其他活体组织相同的特征。改变视角本身并不能解决问题，但我怀疑我们在不改变视角的情况下能否得到解决方案。

失去身体，失去心智

有时，我们会对改变我们思维方式的观察感到惊讶。有时会发生相反的情况，我们会惊讶于自己当前的思维如何改变了先前观察的意义。有时，如果幸运的话，对一个观察的重新评估确实能让我们注意到自己的思考。后者发生在我的一个病人身上，我认为他是一个年轻的神经病学家。病人精确地指着自己的身体，描述了一种奇怪的感觉，这种感觉从他的胃开始，然后上升到他的胸部，然后他就失去了对低于这个平面身体的知觉，就好像他被局部麻醉了。那种麻醉的感觉会继续上升，当它到达他的喉咙时，他就会昏倒。

这个病人描述了他的身体感觉扭曲向上的过程，当他身体的感觉从陌生到完全消失时，紧接着他会完全失去知觉。这些重大事件过后，他会不知不觉地因抽搐而抖动，这是他癫痫发作的一部分。几分钟后，癫痫发作结束，病人将恢复正常生活。

癫痫患者通常会描述癫痫发作前的奇怪感觉。这些现象被称为先兆，而像这个病人的先兆，从靠近胃或胸部下部被称为"上腹"的区域开始，它们是这种现象最常见的变种之一。病人经常报告这些从腹部上升到颈部的奇怪感觉，然后失去意识。[6]

为什么这个病人平淡无奇的故事对我来说变得很重要？这是因为在它发生很久之后，这个案例提出了这样一种可能性：当正在进行的脑对身体的映射暂停时，心智也暂停了。在某种程度上，除去身体的心理表征，就像从心智底下拉出地毯。当支持我们的感受和我们连续性感觉的身体表象的流动被彻底中断时，本身就可能会导致我们对事物和情境的思维被彻底中断。[7]

多年以后，当看到一位患有躯体失认症的病人时，上述推测变得更加可信。在那个病人身上，大部分但不是全部的身体感觉会在很短的时间内逐渐消失，并保持几分钟，但心智和自我并没有暂停。对身体结构和肌肉组织的感觉包括躯干和四肢都消失了，但内脏的感觉，即心跳的感觉仍然存在。在这些令人不安的症状发作时，病人保持清醒和警觉，尽管她不能移动自己，并且除了她的反常情况外，她不能想到其他任何事情。显然，这不是心智的一种正常状态，但仍有足够的心思去观察和报告那一场骚动。病人生动地对自己的感受进行描述："我没有失去任何存在感，只是失去了我的身体。"尽管准确地说，她应该说她失去了身体的一部分。这种情况提出了这样一种可能性，即只要有某种身体表征，只要没有将地毯完全从心智中拉出来，心智过程就可以建立起来。它还提出了另一种可能性：一些身体表征在建立心智上可能比其他表征更有价值，即那些属于身体内部的表征，特别是内脏和内部环境。顺便说一句，病人的情况是由先前的一次中风引起的，那次中风损害了她右大脑半球的一个体感区域，并造成了一小块区域的脑组织疤痕。这个组织是局部癫痫发作的根源，一种高级的电波暂时干扰了一些身体映射回路的功能。我们怀疑，在癫痫发作期间，初级、次级体感皮层，也许还有右角脑回的映射功能出现障碍，但脑岛幸免了。

多年来，我一直对疾病改变身体某些部位知觉的罕见情况很感兴趣。如果只涉及四肢之一，事情就会变得很奇怪。例如，神经被切断的肢体可能会感觉扭曲、错位或缺失；然而，由于幻肢的存在，被截肢的肢体可能仍感觉很正常。这种情况不太好，但从长远来看是可以忍受的[8]。然而，当对身体广泛部位的知觉受到干扰时，即使是暂时的，病人所付出的代价也总是一定程度的精神错乱。其潜在机制通常涉及第3章中所讨论的体感区域之一或与身体相关的通路。涉及身体信号传递途径的案例是最罕见的，因为从身体到脑的信号通路太多了，神经系统疾病不太可能使其中的大部分受损。[9]

我不能说我目前对身－心问题的看法是基于上述事实的。然而，这些事实，以及在第2章和第3章中讨论的关于情绪和感受的发现，集中了我的思考，并且帮助我使理论描述与人的现实相符。简而言之，这个理论解释说明了如下问题：

- 身体（身体本身）和脑形成一个完整的有机体，通过化学和神经途径充分相互作用。

- 脑活动的主要目的是通过协调身体本身的内部运作，以及协调整个机体与环境的物理和社会方面之间的相互作用，来协助调节有机体的生命过程。

- 脑活动主要是为了健康地生存；为这样一个主要目标而装备的脑，可以从事任何次要的事情，从写诗到设计宇宙飞船。

- 在像我们人类这样的复杂生物中，脑的管理操作依赖于我们称为心智的过程中对心理表象（观点或想法）的创造和操作。

- 感知物体和事件的能力，不管是机体外部的还是内部的，都需要表象。例如，与外部有关的表象包括视觉、听觉、触觉、嗅觉和味觉表象。疼痛和恶心是内部表象的例子。自动响应和慎重响应的执行都需要表象。对未来反应的预期和计划也需要表象。

- 在身体本身的活动和我们称为"表象"的心理模式之间的关键接口，是由特定的脑区组成的，这些区域利用神经元回路来构建连续的、动态的神经模式，以适应身体的不同活动，实际上，就是在这些活动发生时把它们映射出来的。

- 映射不一定是被动的过程。形成映射的脑结构对映射有自己的发言权，并受其他脑结构的影响。

因为心智产生于脑，而脑是有机体不可分割的一部分，所以心智是这个精心编织的器官的一部分。换句话说，身体、脑和心智是单个有机体的表现。虽然我们可以在显微镜下解剖它们，但出于科学目的，在正常的操作条件下，它们实际上是不可分离的。

身体表象的集合

在我看来，脑会产生两种身体的表象。第一个我称为来自肉体的表象。它包括人体内部的表象，例如，映射诸如心脏、肠道和肌肉等脏器的结构和状态，以及机体内部众多的化学参数的状态的粗略的神经模式。

第二类身体表象涉及身体的特定部位，如眼后的视网膜和内耳的耳蜗。我把这些表象称为特殊的感觉探测器。它们是基于特定身体部位的活动状态的表象，当特定身体部位被外部的物体物理撞击时，它们被修改了。这种物理撞击有多种形式。分别以视网膜和耳蜗为例，物体扰乱光和声波的模式，而改变的模式被感官装置捕捉。在触碰的情况下，物体对身体边界的实际机械接触会改变分布在外部皮肤的神经末梢的活动。形状和纹理表象是这一过程的衍生物。

能在脑中映射出的身体变化范围非常广泛。它包括发生在化学和电现象层面上的微观变化（例如，在视网膜上对光线中携带的光子模式做出反应的特殊细胞上）。它还包括肉眼能看到的（一个肢体移动）或指尖能感觉到的（皮肤上的一个肿块）宏观变化。

无论是来自肉体的身体表象，还是来自特定感觉器官的表象，其产生的机制都是一样的。首先，身体结构的活动会导致短暂的身体结构变化。其次，脑借助血流中传递的化学信号和神经通路中传递的电化学信号，在一些适当的区域构建这些身体变化的映射。最后，神经映射转化为心理表象。

在第一种身体表象中，表象来自肉体，这些变化发生在我们的身体内部，并通过化学分子和神经活动向中枢神经系统的体感区域发出信号。在第二种身体表象，即来自特殊感觉探测器的表象中，这些变化发生在高度专门化的身体部位，如视网膜。生成的信号通过神经元的连接传递到用于映射特定感觉器官状态的区域。这些区域是由神经元的集合组成的，这些神经元的活动或不活动状态形成了一种模式，这种模式可以看作是一种映射或一种表征，无论什么事件导致了某一特定时间的活动在某一特定神经元组中发生，而不是在另一组中发生。以视网膜为例，那些与视觉相关的结构包括膝状体核（丘脑的一部分）、上丘脑（脑干的一部分）和视觉皮层（大脑半球的一部分）。身体特定的体感区域包括：内耳的耳蜗（与声音有关）；前庭的半规管，也在内耳内，是前庭神经开始的地方（前庭与身体在空间中位置的映射有关；我们的平衡感依赖于它）；鼻黏膜的嗅觉神经末梢（用于嗅觉）；舌后部的味觉乳突（用于味觉）；分布在皮肤浅层的神经末梢（用于触觉）。

我相信，心智流中的基本表象是某种身体事件的表象，无论该事件发生在身体深处，还是发生在靠近身体边缘的某个特定感觉器官中。这些基本表象的基础是脑映射的集合，也就是说，各种感觉区域中神经元活动和不活动（简称神经模式）的集合。这些脑映射全面地代表了任何特定时间身体的结构和状态。有些映射与有机体内部的世界有关。另一些映射则与外部世界有关，即在机体外壳的特定区域与之相互作用的物体的物质世界。在任何一种情况下，最终被映射到脑感觉区域的东西和以想法的形式出现在心智中的东西，在特定的状态和环境下都与身体的某些结构相对应[10]。

一个限定

我对这些说法进行限定是很重要的，尤其是最后一个。在我们目前对神经模式如何变成心理表象的理解上依然存在着鸿沟。脑中与物体或事件相关的动态神经模式（或映射）的存在是解释该物体或事件的心理表象的必要但不充分的基础。我们可以用神经解剖学、神经生理学和神经化学的工具来描述神经模式，而我们可以用内省法的工具来描述表象。关于如何从前者到后者，我们只知道一部分，尽管目前的无知并不与表象是生理过程的假设冲突，也没有否定它们的物质性。最近关于意识的神经生物学研究解决了这个问题。实际上，大多数意识的研究都是围绕着心智的形成这一问题展开的，这部分意识谜题包括让脑产生同步的表象，并编辑成我所说的"脑中电影"。

但这些研究还没有给这个谜题提供答案，而我想澄清的是，我也没有提供答案。例如，当我在第 3 章尝试阐明"感受"时，我试图解释它们是如何通过脑在身体中被理解的，以及为什么从神经生物学的角度来说感受的构建不同于其他心理事件的构建。在系统的层面上，我可以基于具体使用何种心理表象来解释神经模式的组织。但我没有暗示，更不用说解释表象最终是如何形成的。[11]

现实的建构

这个观点对我们如何看待周围的世界有着重要的启示。脑外的物体和事件的神经模式和相应的心理表象是脑的创造，是与现实的关联促使了它们的产生，而不是被动地反映现实的镜像。例如，当你和我看到一个外部物体时，我们会在各自的脑中形成类似的表象，我们可以用非常相似的方式描述这个物体。然而，这并不意味着我们看到的表象是物体的复制品。我们看到的表象是基于特定物体的物理结构与身体的相互作用，在我们的机体，即身体和脑中发生的变化。感觉器官的集合遍布我们的身体，帮助构建映射出有机体与物体在多个维度上综合互动的神经模式。如果你在观看和倾听一名钢琴家演奏一首特定的曲子，比如舒伯特的 D.960 奏鸣曲，综合互动包括视觉、听觉、运动（为了观看和倾听而产生的动作）和情绪模式。这种情绪模式来自对演奏者、对音乐是如何演奏以及对音乐本身特征的反应。

与上述场景对应的神经模式是根据脑自身的规则构建的，并于短期内在脑的多个感觉和运动区域内实现。这些神经模式是基于由互动所吸引的神经元和电路的瞬间选择建立的。换句话说，构建模块存在于脑中，可以被拾取、选择并以特定的安排组合。想象一个专门用来玩乐高玩具的房间，里面装满了你能想到的每一块乐高碎片，并且你得到了图像的一部分。[12] 你可以构建任何你想要的东西，就像脑一样，因为它有每个感觉形式的组成部分。

因此，我们头脑中的表象，就是我们每个人与参与我们机体的物体相互作用的结果，就像被映射在根据有机体设计而建构的神经模式中一样。应该指出的是，这并不否认物体的真实性。这些物体是真实的。它也不否认物体和有机体相互作用的真实性。当然，这些表象也是真实的。然而，我们所经历的表象是脑在物体的刺激下构造的，而不是这个物体的镜像反映。物体的照片没有在视觉上从视网膜转移到视觉皮层。光停留在视网膜上。除此之外，还有从视网膜到大脑皮层连续发生的物理转变。同样地，你听到的声音也不是通过某种扩音器从耳蜗传到听觉皮层的，尽管从比喻的意义上说，物理转变确实是从一个传到另一个。独立于我们的物体的物理特征与生物体可能的反应清单之间，存在着一系列的一致性，并在漫长的进化历史中已经得以实现。（外部物体的物理特征与脑选择构建表征的先验成分之间的关系是未来需要探索的重要问题。）根据一致性的清单，通过选择和组合适当的标记，被认为是归属于某一特定物体的神经模式得以构建。然而，我们在生物学上是如此相似，以至于我们对同一事件构建了相似的神经模式。相似的表象会从相似的神经模式中产生，这并不奇怪。这就是为什么我们可以毫无异议地接受传统观念，即我们每个人都在脑海中形成了对某些特定事物的表象。事实上，我们并没有。

看到的东西

我们如何知道心理表象和神经模式是密切相关的，以及前者源自后者？我们从休布尔和威塞尔的研究中开始得知这种密切的联系[13]。他们发现，实验动物（猴子）看着直线、曲线或从不同角度看直线时，会在视觉皮层形成不同的神经活动模式。他们还将不同模式的表现与视觉皮层的微观解剖联系起来，从而发现可以构建一个特定形式的模块化组件。进一步的证据来自罗杰·图特尔（Roger Tootell）的一个实验，在该实验中实验动物（也是一只猴子）面对一个视觉刺激，例如，一个十字架，而在动物视觉皮层的特定层，即初级视皮层的 4B 层（也被称为布罗德曼 17 区或者视觉识别区），一个直接的反应模式可以被确认[14]。这一论证汇集了流程的关键方面——外部刺激，我们作为观察员可以将其看作一个心理表象，并且我们可以合理地假设实验动物也可以将其看作一个心理表象；神经模式的产生是由于看到刺激的结果。实验证明了多种对应——视觉刺激；我们形成的与之相关的表象，动物大概也会形成这样的表象；以及动物脑中的神经模式。在那个神经模式中，我们作为观察者，可以看到与我们自己的表象模式的对应，并且延伸开来，与动物的表象模式的对应。

当我们考虑一个非常简单的生物（如一种被称为蛇尾海星的海洋无脊椎动物）可用的视觉设备时，我们得到了这些非凡的身体机制是如何进化的暗示。蛇尾海星是一种海星，能够快速有效地逃离接近的捕食者，并在附近的岩石洞穴和裂缝中避难。由于这种动物的外部骨骼是由坚硬的钙构成的，它没有眼睛，而且它的神经系统也很原始，所以这些逃避行为在很长时间内是一个谜题。然而，事实证明，这种动物身体的很大一部分是由微小的钙晶体构成的，它们的表现很像一只眼睛。这种晶体将入射光聚焦到每个晶体下的一个小区域，从而使一束神经活跃起来。一个捕食者的模式可以通过这种方式映射出来，而且附近可以作为藏身之处的裂缝也可以形成模式。捕食者模式的处理导致了神经激活和向着保护性裂缝的适当运动的反应[15]。我绝不是说这种生物会思考，尽管我们可以肯定它会行动，而且它是基于新形成的神经模式来行动的。我甚至不倾向于相信，在这样一个简单的神经系统中，那些神经模式必然会成为心理表象。我只是用这些事实来说明身体－神经系统谱系在身－心影响基础之上发出信号是可以理解的。人眼和视网膜与蛇尾海星的晶体功能非常相似。但是，在可映射的物理冲击的种类上、可形成的随后映射的丰富性上以及可作为结果采取的动作的数量上，人眼的机制要复杂得多。然而，本质是一样的：身体的某个特定部分发生改变，而改变的结果传递到中枢神经系统。

最近，一项相关的发现已经变得清晰，即存在一种特殊的视网膜细胞，这种细胞对光线做出反应，并影响一个已知用于调节昼夜循环和各自的睡眠模式的位于下丘脑的核（视交叉上核）的运作。人们很早就知道，构成视网膜前层的视杆细胞和视锥细胞会对光做出反应，并且它们的反应对视觉至关重要。有趣的新发现是光对下丘脑的影响不是由视杆细胞和视锥细胞调节的；在摧毁了视杆细胞和视锥细胞后，光继续与昼夜循环保持同步。下一层的一组细胞，即视网膜神经节细胞层，似乎完成了这项工作。此外，执行这项任务的视网膜神经节细胞非常独特，接收来自视杆细胞和视锥细胞信号的视网膜神经节细胞不参与操作。似乎这个子集只为这个独特的操作而存在并且对视觉没有任何帮助[16]。这些细胞的活动直接或间接地对心智产生影响。例如，开启睡眼会降低注意力，最终使意识暂停；背景情绪和相关的情绪也受到整体暴露在光线下的时间和强度的严重影响。再一次，身体状态的变化，即身体的一个专门部分在自身的变化反映在了心理表象中。有趣的是，与那些有助于视觉的细胞不同，这些被研究的细胞对光线照射的确切位置并不感兴趣。它们就像我们在摄影中使用的测光表一样，对整体亮度和散射到眼睛内部的辐射光缓慢而平静地做出反应。人们很容易将这些细胞看作是较老的、不那么复杂的人体感受器的一部分，并且专注于整体状况，即围绕着整个机体的环境光量，而不是由外部物体引起的光的详细形状。从这个意义上说，它们类似于蛇尾海星的晶体，这种全身的敏感性可以在一些简单的生物体中找到（这些生物体的身体没有专门的感觉区域）[17]。

在过去的 20 年里，神经科学在很大程度上揭示了脑如何处理视觉的各个方面，不仅是形状，还有颜色和运动[18]。对听觉、触觉和嗅觉的理解也在进步，而且最终重燃对理解内部感觉，如疼痛、温度等的兴趣。然而，公平地说，我们刚刚开始解开这些系统的细枝末节。

关于心智的起源

我们所讨论的来自肉体的和特殊感觉器官的两种身体表象，可以在我们的心智中被操纵，并且用来表示物体之间的空间关系和时间关系。这允许我们表征涉及这些对象的事件。我们心智中的表象是上面讨论的那种意义上的身体表象吗？嗯，不完全是。由于我们创造性的想象力，我们可以创造更多的表象来表征物体和事件，并代表抽象。例如，我们可以将基础表象从前面讨论的主体中分离出来，然后重新组合这些部分。任何事物和事件都可以用某种虚构的、可想象的符号来表征，比如一个数字或一个单词，并且这些符号可以组合成方程式或句子。这些虚构的、可想象的符号既可以代表具体的实体和事件，也可以代表抽象的实体和事件。

身体对心智组织的影响也可以从我们的认知系统用来描述世界上的事件和特质的隐喻中发现。其中许多隐喻都是基于我们对人体典型活动和经验的想象，比如姿势、态度、运动方向、感觉等。例如，快乐、健康、生活和善良的观念会通过语言和手势与"向上"联系在一起。悲伤、疾病、死亡和邪恶都与"向下"联系在一起。未来与"向前"有关。马克·约翰逊（Mark Johnson）和乔治·拉科夫（George Lakoff）已经很有说服力地解释了特定的身体动作和姿势的分类会导致特定的图式，而这些图式最终会用一个手势或词语表示出来[19]。

在这一点上，我要给这个讨论加上另一个重要的限制条件。当我们说心智是由想法建立起来的，这些想法在某种程度上是脑对身体的表征，我们很容易把脑想象成一块白板，干净地开始一天的生活，准备好被来自身体的信号铭刻。但事实并非如此。脑并不是在白板上开始一天的工作的。脑在生命之初就被灌输了关于有机体应该如何管理的知识，即生命过程应该如何运行，以及外部环境中的各种事件应该如何处理。许多映射点和联系在出生时就已经存在。例如，我们知道，新生的猴子大脑皮层中有神经元，可以探测到特定方向的线条[20]。简而言之，脑带来先天的知识和自动的技能，预先决定身体的许多想法。这些知识和技能的结果是，许多注定成为想法的身体信号，以我们目前讨论的方式，恰巧是由脑产生的。脑命令身体假定某种状态并以某种方式行动，而这些想法是基于那些身体状态和身体行为的。这种安排的一个最好的例子是关于驱力和情绪。正如我们所见，驱力和情绪并不是自由的或随机的。它们是高度特异性和进化中保存下来的行为汇编，在某些情况下，脑会忠实地调用这些行为来履行职责。当体内的能量来源变低时，脑检测到能量的下降，就会产生饥饿的状态，这种驱力会对失衡加以矫正。饥饿的概念来自这种驱力的部署所引起的身体变化的表征。

可以说，身体的许多想法是脑将身体放置在一个特定状态的结果，这意味着用来构建心智基础的一些身体的想法是高度受到之前设计的脑和机体的整体需求限制的。它们是身体动作的概念，然而这些身体动作最初是由大脑想象，并命令它们在相应的身体中发生。

这种安排强调了心智的"身-心性"。心智的存在是因为有一个身体为它提供内容。从另一方面来说，心智最终为身体执行实际和有用的任务：控制与正确目标相关的自动反应的执行；预测和计划新的反应；创造各种有利于身体生存的环境和物体。心智中流动的表象反映了有机体和环境之间的相互作用，反映了脑对环境的反应如何影响身体，反映了身体的调整在逐渐展开的生命状态中是如何进行的。

有人可能会说，既然脑提供了心智最直接的基质，即神经映射，那么在身-心问题中需要考虑的最关键部分是身体中的脑，而不是身体本身。如果我们从身体的角度来考虑心智，而不是仅仅从脑的角度来考虑心智，我们会得到什么？答案是，我们获得了心智的基本原理，如果我们仅仅大脑的角度来考虑心智，我们将无法发现它。心智是为身体而存在的，它致力于讲述身体各种各样的故事，并利用这个故事来优化机体的生命。尽管我不喜欢那些需要费力解析的句子，但我还是想提供一个总结我的观点的句子：**脑由身体提供，有身体意识的心智是整个身体的仆人。**

但现在出现了几个微妙的问题。为什么我们需要一个脑操作的"心智水平"，而不是目前由神经科学工具所描述的"神经映射水平"？为什么一个既非心理活动也非意识活动的神经映射水平在管理生命过程方面不如意识－心智水平有效呢？用更明确而又符合我的思路的说法：为什么我们需要包括了我们所说的心智和意识的神经生物学层面的操作？

我们可以回答其中一些问题，并对其他问题进行推测。例如，在意识缺失的情况下（在这个术语的综合意义下），这一过程包括脑中电影和自我意识，我们可以肯定地知道，生活是不能被妥善管理的。即使是短暂地暂停意识也会导致对生命的低效管理。实际上，即使是仅仅暂停意识的自我组成部分，也会导致生命管理的中断，并使一个人回到一种类似于初学走路的孩子的依赖状态。（这通常发生在运动不能的缄默症等情况下）可以肯定的是，意识－心智水平是生存的必要条件。

但是生物学的意识－心智水平究竟给有机体做出了什么不可缺少的贡献呢？这里的答案是推测性的。正如第 4 章所指出的，也许在心理水平上，感官现象的纯粹复杂性允许跨感觉形式的简单融合，例如，视觉和听觉，视觉、听觉和触觉，等等。此外，心理水平也允许将每种感觉类型的实际图像与从记忆中唤起的相关表象相结合。此外，这些丰富的集合在整体上将为问题解决和创新所需的表象处理提供肥沃的土壤。那么，答案是，心理表象可以使信息的操作变得容易，而这是神经映射水平（目前描述的）所不允许的。很有可能，为了使这些新功能成为可能，除了"当前"存在的神经映射水平之外，操作的心智水平还具有生物学上的规范。然而，这并不意味着，在笛卡尔哲学的意义上，生物操作的心智水平是基于不同物质之上的。复杂且高度融合的心智过程的表象仍然可以被感知为生物的和物质的。

现在，我们应该考虑自我意识给这个过程带来了什么。答案是带来了方向。自我意识在加工的心智水平下引入了一个概念，即当前所有在脑和心智中表现出来的活动都属于一个单一的有机体，它的自我保存需求是当前所呈现的大多数事件的基本原因。自我意识使心理规划过程朝着满足这些需求的方向发展。这种方向之所以成为可能，是因为感受是构成自我感觉的一系列操作所必需的，也因为感受在心智中不断产生对有机体的关注。

简而言之，如果没有心理表象，有机体就不能及时地进行对生存至关重要的大规模信息的整合，更不用说幸福了。此外，如果没有自我意识，没有整合自我的感受，这种大规模的心理信息整合就不会面向生活的问题，即生存和实现幸福。

这种对心智的看法并没有填补我之前提到的知识差距，当时我写道，目前对神经映射活动的神经科学描述并没有提供足够的细节来告诉我们关于心理表象的生物物理组成。这一差距已经得到承认，而且有希望在未来得到弥合。[21]

就目前而言，认为心智是由脑许多区域的合作而产生的想法是合理的。当有关身体状态的细节大量积累，在这些区域的映射达到一个"关键程度"时，就会发生这种情况。我们现在认识到的知识缺口可能只不过是累积的细节复杂性的不连续性，以及参与映射的脑区相互作用的复杂性的不连续性。

身体、心灵和斯宾诺莎

是时候回到斯宾诺莎了，并且思考他所写的关于身体和心灵的可能意义。无论我们支持他在这个问题上所声明的哪种解释，我们可以肯定的是，斯宾诺莎的观点不同于他所继承的笛卡尔的观点，他在《伦理学》的第一部分中说道：思想和广延虽然是可区分的，但却是同一实体的属性，即上帝或自然。对单一物质的提及是为了表明心灵与身体是不可分离的，两者都是以某种方式由同一种物质创造出来的。对心灵和身体这两个属性的提及承认了两种现象的区别，这一提法保留了一个完全合理的"关系"二元论，但拒绝了实体二元论。斯宾诺莎把思想和广延放在同等的位置上，并把它们与一个单一的实体联系在一起，他希望能够克服笛卡尔曾经面临却未能解决的一个问题：存在两个实体和有必要对它们进行整合。从表面上看，斯宾诺莎的解决方案不再需要心灵和身体的整合或相互作用；心灵和身体将平行地从同一物质中产生，在它们不同的表征中完全地、相互地模仿彼此。从严格意义上说，心灵不是身体的来源，身体也不是心灵的来源。

即便斯宾诺莎在这个问题上的贡献仅限于上述提法，我们也不得不承认他已经取得了进展。然而，我们必须注意到，通过将心灵和身体与一个封闭的、单一物质的实体联系起来，他放弃了试图解释物质的身体和心理表征是如何产生的。公正的批评家会补充说，至少笛卡尔在努力，而斯宾诺莎只是在回避这个问题。但也许这位公正的评论家并不准确。按照我的理解，斯宾诺莎是在大胆地试图揭开神秘的面纱。我敢于并预备承认我可能是错误的，即根据斯宾诺莎在《伦理学》第二部分的陈述，他可能已经凭直觉知道了，一般结构上的和功能上的安排，身体必须假定心灵与它一起发生，或者更确切地说，与心灵一起在其内部发生。让我解释一下我为什么这样认为。

我们应该从回顾斯宾诺莎关于身体和心灵的概念开始。斯宾诺莎关于人当人们说身体活动起源于对于身体有支配权的心灵时，他们是在毫无意义地使用言语，或者用似是而非的措辞承认他们不知道上述行为的原因。

斯宾诺莎说
LOOKING
FOR
SPINOZA

Joy, Sorrow, and the Feeling Brain

体的概念是传统的。他在《伦理学》第一部分中对身体这样描述："一个确定的量,如此之长,如此之宽,如此之深,被特定的形状所束缚。"用斯宾诺莎的说法,我自己的描述是"被封闭起来的一定数量的物质"。并且,既然斯宾诺莎的物质是自然,我就会说:"身体是自然的一块,被皮肤的边界适当地围起来。"

关于斯宾诺莎关于身体概念的细节,我们必须参阅《伦理学》第二部分的六个假设。它们是:

1. 人体是由许多独立的部分组成的,具有不同的性质,每一个部分本身都是极其复杂的。
2. 组成人体的各个部分,有的流动,有的柔软,有的坚硬。
3. 组成人体的各个部分,也就是人体本身,受到各种各样外部物体的影响。
4. 人的身体需要其他许多物体的保护,通过这些物体,它可以说是不断地再生。
5. 当人体的流动部分被外部物体所决定,经常侵犯另一个柔软的部位时,它就会使后者的表面发生变化,仿佛在上面留下了推动它的外部物体的痕迹。
6. 人体可以移动外部物体,并将其以不同的方式排列。

斯宾诺莎表达的身体的动态形象是相当复杂的,尤其是当我们记起这是在17世纪中期写的,那时第一篇解剖学论文的墨水还未干。这个复杂的身体有很多部分。它们容易腐烂,必须更新。它们与其他物体接触会变形。他没有说变形可以通过神经传递到脑,尽管我认为他是这么想的。

在我看来,真正的突破在于斯宾诺莎关于人类心灵的概念,他明确地将其定义为由人类身体的想法构成。斯宾诺莎使用"想法"作为表象或心理表征或思想的组成部分的同义词。他称为"由一个思维实体的心灵形成的心理概念"。然而，在其他地方，斯宾诺莎使用想法来表示对表象的精雕细琢，是智慧的产物，而不是单纯的想象。

想想斯宾诺莎的原话："构成人体心灵的想法的实体是身体。"[22] 这句话出现在《伦理学》第二部分的命题 13 中。这句话在其他命题中被重新措辞并加以阐述。例如，在命题 19 的证明中，斯宾诺莎说："人的心灵就是关于人的身体的理念或知识。"在命题 23 中，他陈述道："心灵没有感知的能力……除非它能感知到身体的修改（情感）的想法。"

此外，想想以下来自《伦理学》的第二部分的相关信息：

a）……构成人体心灵的想法的客体是身体，而由于身体实际上是存在的……因此，我们心灵的实体是存在着的身体，而不是别的……（摘自对命题 13 的证明）。

b）由此我们了解到，不仅人的心灵与身体是统一的，而且心灵与身体的联合的性质也是统一的（接下一段）

c）……为了确定人的心灵在哪些方面不同于其他事物，又在哪些方面优于其他事物，我们必须知道它的实体，即人的身体的本质。这种本质是什么，我在这里无法解释，对我所提出的证明（我应该这样做）也是没有必要的。我只想概括地说，一个特定的身体相较于他人越适合于同时做许多动作或接受许多印象，成比例地以它为对象的心灵相较于他人也越适合于同时形成许多知觉……（摘自对命题 13 的注解）。

后一个概念在命题 15 中以清晰的形式表述："人类的心灵能够感知大量

的事物，并且与其身体能够接收大量印象的能力成正比。"

也许最重要的是，想想命题 26："人类的心灵不认为任何外在的物体是真实存在的，除非通过自己身体的修改（情感）。"

斯宾诺莎并不仅仅是说，心灵和身体在平等的基础之上，完全是从物质中产生的。他正在设想一种能够实现其平等基础的机制。这种机制有一个策略：身体中的事件被表示为心灵中的想法。有一些表征性的"对应"，并且它们是单向的：从身体到心灵。实现表征性对应的方法被包含在物质中。斯宾诺莎发现想法在数量和强度上与"身体的修改"是"成比例的"这一陈述尤其有趣。"比例"的概念让人联想到"对应"甚至"映射"。我怀疑他指的是某种保持结构的同形体。同样令人振奋的是他的观点，即心灵无法感知外部事物的存在，除非通过自身身体的修改。他实际上指定了一组功能的依赖性：**他是在说，如果没有身体的存在，在给定的心灵中一个物体的概念就不会发生；或者说在身体上不发生由物体引起的某种改变。没有身体，就永远没有心灵。**

斯宾诺莎没有冒险去超越他的知识，因此不能说，建立关于身体的想法的手段包括化学和神经途径以及脑本身。当然，斯宾诺莎对脑以及身体和脑相互发出信号的方式知之甚少。斯宾诺莎谨慎地宣称对身体的解剖和生理细节一无所知，包括被称为脑的那部分身体。当他讨论心灵和身体时，他小心翼翼地避免提及脑，尽管我们可以从别处的陈述中确定，他认为脑和心灵是密切相关的。例如，在结束《伦理学》第一部分的讨论时，斯宾诺莎说："每个人都根据他的脑状态来判断事物。"在同一讨论中，他解释了这句谚语，"脑与味觉完全不同"，意思是"人们根据他们的心理性情来判断事物"。尽管如此，现在我们可以填补脑的细节，并大胆地为斯宾诺莎说他显然不能说的话。

从我目前的观点来看，说我们的心智是由一个人的身体的想法组成的，就等于说我们的心智是由环境中的物体所引起的自发行为，或者改变过程中我们自己身体的部分表象、表征或者想法组成的。这种说法与传统看法大相径庭，乍一看似乎难以置信。我们通常认为我们的心智是由物体、行为和抽象关系的形象或思想所构成的，这些大多与外部世界有关，而不是与我们的身体有关。但是，考虑到我在第 2 章和第 3 章中提出的关于情绪和感受过程的证据，以及本章中讨论的神经生理学证据，这种说法是可信的。**心智中充满了来自肉体的和身体特殊感觉器官的表象**。根据现代神经生物学的发现，我们不仅可以说表象是在脑中产生的，而且我们可以大胆地说，脑中产生的表象的很大一部分是由来自身体本身的信号塑造的。

我把《伦理学》的第一部分中的斯宾诺莎作为一个研究宇宙的完美哲学家，斯宾诺莎在此总体上提出了心灵和身体的问题。然而，在第二部分中，斯宾诺莎关心的是一个局部问题，我怀疑他凭直觉找到了一个他无法具体说明的解决方案。这种双重视角的结果使一种潜在的紧张变为一种可见的冲突，即渗透在《伦理学》中的那种冲突。毕竟，心灵和身体的平等地位只在总体的描述中有效。一旦斯宾诺莎深入未指明的机制中，就会有更优先的操作方向，当我们感知时是从身体到心灵，当我们决定说话和做事时是从心灵到身体。

斯宾诺莎在某些确定的情况下会毫不犹豫地赋予身体或者心灵特权。当然，在迄今讨论的大多数命题中，身体都是悄无声息地获胜。但在命题 22（《伦理学》第二部分）中，斯宾诺莎赋予了心灵特权："人类的心灵不仅能感知身体的变化，还能感知这种变化的想法。"实际上是说，一旦你形成了对某一物体的想法，你就可以形成对这个想法的想法，以及对这个想法的想法的想法，等等。所有这些想法的形成都发生在物质的心灵方面，以目前的观点来看，这在很大程度上可以与机体的脑 - 心部分相一致。

"想法的想法"的概念在很多方面都很重要。例如，它打开了表征关系和创造符号的方法。同样重要的是，它为创造自我的概念开辟了道路。我已经提及最基本的自我是一种想法，是一种二阶的想法。为什么是二阶的？因为它基于两个一阶的想法：一个是我们所感知的对象的想法；另一个是观点随着我们的身体通过对物体的感知而改变的想法。自我的二阶想法是关于另外两个想法之间的关系的想法：被知觉的物体和被知觉改变的身体。

这个我称为自我的二阶想法在心智中插入思想的流动里，并且它向心灵提供了一个新近创造的知识的片段：我们的身体参与了与一个物体互动的知识。在这个术语的综合意义上，我相信这样的机制对于意识的产生是至关重要的，并且我已经假设了允许这个机制在脑中实现的过程。[23] 当描述不同感官模式中物体和事件的表象流，即脑中电影，伴随着我刚才描述的对自我的表象时，我们拥有了一个有意识的心智。有意识的心智是一个简单的思维过程，它被告知它与承载它的物质和有机体之间的实时维系的关系。有趣的是，斯宾诺莎在他的思考中再一次为一个简单而有趣的操作（就像产生想法的想法一样）腾出了空间。

斯宾诺莎对来自无知的争论没有耐心，就像我们经常遇到的那种：有人宣称心灵不可能来自生物组织，因为"这是无法想象的"。他对事实十分清楚：

> ……到目前为止，还没有人规定过身体力量的界限，也就是说，还没有人从经验中得到过这样的教训：如果把身体看作是一种广延的话，那么它仅仅通过自然的法则能完成什么。迄今为止，还没有人对人体的机制有如此精确的了解，以致能解释它的所有功能……没有人知道心灵是如何或通过什么方式移动身体的，也不知道它能给身体带来多少不同程度的运动，也不知道它能以多快的速

度移动身体。因此，当人们说这种或那种身体活动起源于对于身体有支配权的心灵时，他们是在毫无意义地使用言语，或者用似是而非的措辞承认他们不知道上述行为的原因……[24]

在这里，我怀疑斯宾诺莎是在一个整体意义上指身体，即身体本身和脑。也许他不仅破坏了身体将由心灵产生的传统观念，而且也为支持相反观点的发现准备了舞台。[25]

其他人可能不同意我的解释。比如，可能有人认为我对斯宾诺莎的解读会被斯宾诺莎的心灵是永恒的观点所破坏。然而，这种反对是无效的。在《伦理学》的许多交叉点上，即第五部分，斯宾诺莎将永恒定义为永恒真理的存在，是事物的本质，而不是时间的延续。心灵的永恒本质与不朽并不相混淆。**在斯宾诺莎的思想中，我们心灵的本质甚至在我们的心灵存在之前就存在了，而在我们的心灵和身体一起消亡之后仍然存在。心灵是必死的，也是永恒的。**此外，在《伦理学》的其他地方和《神学政治论》中，斯宾诺莎称心灵和身体一起腐烂。事实上，他否认心灵的不朽，这是从他 20 岁出头时就拥有的思想特征，这可能是他被他的宗教团体驱逐的主要原因。[26]

那么斯宾诺莎的见解是什么呢？心灵和身体是平行且相互关联的过程，在每一个十字路口都模仿对方，就像同一事物的两面。在这些平行现象的深处，有一种机制可以在心灵中表现身体事件。尽管心灵和身体的地位是平等的，但就感官所能看到的而言，这些现象背后的机制却有一种不对称。他认为身体对心灵内容的塑造要比心灵对身体内容的塑造更为重要，尽管心灵过程在很大程度上反映在身体过程中。另外，心灵中的想法可以相互叠加，这是身体无法做到的。如果我对斯宾诺莎陈述的解释有一点点正确的话，他的见解在当时是革命性的，但对科学没有影响。一棵树静静地倒在森林里，而没有目击者在场。这些观念的理论意义既没有被当作斯宾诺莎的见解被消化，也没有被当作独立的事实被接受。

以杜普医生作结尾

在惠更斯讲座的最后，我展示了悬挂在附近莫瑞泰斯皇家美术馆中伦勃朗的《杜普医生的解剖课》的复制品。这已经不是我第一次用杜普医生来谈论身﹣心问题了，但这一次，我的演讲地点和主题完美地契合了。

从表面上看，伦勃朗的这幅画是在 1632 年 1 月一堂特殊的解剖学课上庆祝杜普医生作为医师和科学家的声誉。外科协会希望用一幅画来纪念杜普医生，而再没有比戏剧性解剖更合适的主题了，这是一个公众付费的活动，吸引了受教育者和有钱人的好奇心。但这幅画也庆祝了人体及其功能研究进入了一个新时代，威廉·哈维（William Harvey）和笛卡尔的著作中也记录了这一点。据推测，他们那天也在场。哈维关于血液循环的发现也属于同样的时代，在后维萨里时代（the post-Vesalius era），有精细的手术刀、透镜和显微镜，可以解剖和放大人体的精细的身体结构。这项工作表明了荷兰人对研究和描绘自然的兴趣（一直到人体内部，深入皮肤之下），并且是这个时代科学崛起的良好标志。

也许更重要的是，伦勃朗的画也提醒我们，新的解剖发现给发现者带来的困惑。杜普医生的右手握着尸体的左手曾经用来弯曲手指的肌腱，而杜普医生的左手则演示了这些肌腱可以完成的动作。所有人都看到了这一行动背后的秘密。它不是一个液压泵或气动泵设备，尽管它曾经可能是，当然，这就是在画布上捕捉到的美丽瞬间：手的运动是通过肌肉收缩和与骨骼相连的肌腱的相关拉动来实现的，而不是通过其他方式。杜普医生验证了是什么，并将是什么与可能是什么区分开来。推测让位于事实。

然而，揭开神秘面纱的壮观景象让一些人感到不安，这是我们从杜普医生的表情中所能读到的最起码的东西。杜普医生没有面对观众，没有看他正在做的事情，也不看他的同事一眼。他向左凝视着画框之外的远处，如果历史学家西蒙·沙玛是正确的：他凝视着房间之外的远处。沙玛认为，杜普医生是在看造物主本人。这一解释与杜普是一位虔诚的加尔文派教徒这一事实，以及这幅画出名几年后卡斯帕尔·巴勒斯（Caspar Barleus）所写的诗句非常吻合："倾听者们：向你自己学习，在进行这一活动过程中要相信，即使在最小的地方，也藏有上帝的谎言。"[27] 在我看来，巴勒斯的话是对这项发现带来的不安的回应，这种不安可能会由不可避免的后续想法产生：如果我们能解释我们的本性，还有什么是不能解释的呢？为什么我们不能解释发生在身体里的其他的一切，也许，包括心智？我们能够发现一个人的思想是如何要一只手移动的吗？巴勒斯害怕自己的想法，他希望让公众，或神，或两者都平静下来，他说，尽管他们擅自进入幕后，并发现了这些把戏是怎么做的，但他们对造物主的工作并没有减少敬意。当然，杜普医生面部表情的本意是无法解读的，有时我站在画前，觉得他只是在简单地告诉观众："看我做了什么！"不管精确的含义是什么，伦勃朗或者杜普两人也许想让我们知道，没有人能对在解剖展示中心发生的事情泰然处之。[28]

作为对笛卡尔当时可能关于心智和身体的思想的一剂解药，尤其是对斯宾诺莎在接下来的 20 年里对这个问题的思考和写作的一剂解药，巴勒斯虔诚的安慰确实是必要的。如果你把巴勒斯的警告脱离语境，并当成斯宾诺莎的训诫，那么有趣的是，你会意识到它的意义将会完全不同。这再次证明了文字是如何说谎的。看着伦勃朗的杰作，斯宾诺莎完全可能曾经说过：他的上帝存在于这个被解剖的身体的每一寸和每一个动作中，但他可能会表达别的东西。

LOOKING FOR FOR SPINOZA

Joy, Sorrow, and the Feeling Brain

第 6 章　造访斯宾诺莎

当我试图了解斯宾诺莎的生活轨迹时，我总是回到海牙，回到他在暴风雨之间短暂的平静中抵达帕乌金格拉赫特的场景，以此作为一个关键的视角来解释在此之前、之后的事及其原因。

2000 年 7 月 6 日在莱茵斯堡

我正坐在斯宾诺莎家后面的小花园里。太阳出来了，宁静被笼罩在温暖的空气中。在斯宾诺莎街（spinozalaan）很少有人开车或步行，只有一只黑猫在移动。他全神贯注地为一个天堂般的、哲学的夏日做准备，显得如此宁静。

如果斯宾诺莎曾走出他的房间，坐在与我相同的位置上，那么他一定看过我正在看着的这片天空。如果他没有，在这样的日子里，太阳就会走到他的办公桌前，在这种气候下，这件事是最受欢迎的。这是一个不错的地方，没有海牙的房子那么狭窄，但对于观察整个宇宙的人来说，它还是太小了。

我问自己，一个人如何才能成为斯宾诺莎？或者，换句话说，我们怎样解释他的不同寻常？斯宾诺莎坚决不同意他所处时代的主要哲学家的观点，公开反对宗教组织，并被自己信仰的宗教所驱逐，他拒绝同时代人的生活方式，并为自己的生活方式设定目标，有些人认为这是神圣的，而许多人则认为这是愚蠢的。斯宾诺莎被认为是社会的异类，而事实是这样的吗？或者说，从他所处时代及地域的文化来看，他是可以理解的吗？他的行为能用他个人生活中的事件来解释吗？我对这些问题很感兴趣。尝试令人满意地解释任何人的一生都是鲁莽的，抛开这一点，我相信可以试探性地回答以上这些问题。

时代

尽管斯宾诺莎是如此别具一格，但他在其所处的历史时代中并不孤单。他成长于17世纪中叶，17世纪是天才的世纪，也是奠定现代世界基础的时期。斯宾诺莎是一个激进分子，伽利略也是如此，他在斯宾诺莎出生的那个年代就坚信并公开支持哥白尼。这个世纪开始于乔尔丹诺·布鲁诺被烧死在火刑柱上以及莎士比亚《哈姆雷特》成熟版本的首次公演（1601年）。1605年，世界被弗兰西斯科·培根的《学问的进步》、莎士比亚的《李尔王》和塞万提斯的《堂吉诃德》所款待。哈姆雷特很可能是整个时代的象征，因为他走过了莎士比亚最长的戏剧，他对人类的行为感到不解，对生死的意义感到困惑。从表面上看，其情节可能是一个关于未能替冤屈的父亲报仇并杀死一个不太善良的叔叔的故事。实际上，这部戏的主题是哈姆雷特的困惑，他比周围人知道得更多，但还不足以平息他对人类状况的不安。哈姆雷特了解当时的科学，比如物理学和生物学，毕竟，他曾在维腾贝格（Wittenberg）大学上学，他知道马丁·路德（Martin Luther）和约翰·加尔文（Jean Calvin）引起的知识混乱。但因为他无法理解自己所看到的一切，所以他在每一个可能的转折点都提出质疑和抱怨。"question"（问题）这个词在《哈姆雷特》中出现了十几次，或者这部戏剧是以一个特定的问题开始的："谁在那里？"这并非巧合。斯宾诺莎出生在质疑的时代，这个时代也可以称为哈姆雷特的时代。

斯宾诺莎诞生的时代也是一个可观察事实的时代，在那个时代，人们开始在实验室中研究一个特定行为的前因后果，而不是舒适地坐在扶手椅上讨论。人类已经完全掌握了用欧几里得所证明的方式来进行逻辑的和创造性的推理。然而，用阿尔伯特·爱因斯坦的话来说，"在人类能够熟练掌握一门涵盖全部现实的科学之前，还需要第二个基本真理……所有关于现实的知识都是从经验开始，并以经验结束。"[1] 爱因斯坦认为伽利略是这种态度的象征（爱因斯坦把伽利略看作是"现代科学之父"），而培根是新方法的另一个主要支持者。伽利略和培根都提倡实验，并逐步消除先前错误的解释。伽利略还补充了一些：他相信宇宙可以用数学的语言来描述，这一观念将为现代科学的出现提供基石。斯宾诺莎的诞生恰逢现代世界科学的第一次繁荣。

测量的重要性在这个时代被确立，科学变成了量化的。现在，科学家们把归纳方法作为一种工具，而经验验证成为思考世界的基础。对与事实不符的观点发表了公开的意见。

这是一个智力大爆发的时代，大约在斯宾诺莎出生的时候，托马斯·霍布斯和笛卡尔作为哲学人物正在崛起，威廉·哈维正在描述血液循环。在斯宾诺莎短暂的一生中，世界也会了解布莱斯·帕斯卡、约翰尼斯·开普勒、惠更斯、戈特弗里德·莱布尼茨和艾萨克·牛顿（他只比斯宾诺莎晚出生十年）的工作。正如阿尔弗雷德·诺思·怀特海（Alfred North Whitehead）所言，"在这个世纪，天才们的重大事件根本没办法很好地间隔开"[2]。

斯宾诺莎对世界的总体态度是这种新的质疑骚动的一部分，它的根源在于解释的制定方式和制度的评估发生了一些显著的变化。然而，了解斯宾诺莎在宏大的历史画卷中所处的位置，发现他的才华很有价值，并不能解释为什么在这个世纪斯宾诺莎的作品被最猛烈地禁止，以至于几十年内几乎没有人提到他的思想，除非是贬义的。在实证研究方面，斯宾诺莎也许并不比伽利略更激进，但他更有影响力，甚至更不妥协。他是那种最令人难以忍受的反传统者。他无畏且谦逊地威胁到了宗教组织的基础，进而威胁到与宗教密切相关的政治结构。可以预见，当时的王室都意识到了危险，他所在的荷兰各省也意识到了，即使荷兰是那个时代最宽容的国家。什么样的人生故事才能有助于解释这样一种思想的发展呢？

海牙的 1670 年

　　当我试图了解斯宾诺莎的生活轨迹时，我总是回到海牙，回到他在暴风雨之间短暂的平静中抵达帕乌金格拉赫特的场景，以此作为一个关键的视角来解释在此之前、之后的事及其原因。斯宾诺莎如他习惯的那样，独自一人来到海牙时，已是 38 岁。他带了一个书架和他的藏书、一张桌子、一张床以及他的镜片制作设备。他在帕乌金格拉赫特租用的两个房间里完成了《伦理学》这一著作，他每天从事镜片的制造工作，接待数百名访客，很少进行远距离的旅行。他去过一次乌得勒支，去过多次阿姆斯特丹，它们离海牙都不过 48 千米，但他从来没有再走远一点。有人会想到伊曼努尔·康德，一个世纪后的又一位杰出的孤独者，他打破了斯宾诺莎的纪录：他在柯尼希山度过了一生，据说只出过一次城。除了对旅行的厌恶和才华之外，这两个人之间几乎没有什么相似之处。**康德希望用冷静的理性来对抗激情的危险；而斯宾诺莎则希望用不可抗拒的情绪来对抗危险的激情**。斯宾诺莎所追求的理性需要以情绪作为引擎。据我所能想象的，这两个人的举止也不一样。康德，至少是晚年的康德，是紧张而正式的，是礼貌与谨慎的缩影，有点干巴巴的。而斯宾诺莎是和蔼可亲的、放松的，尽管他在姿态上是高贵的和有礼仪的。如果我们能在一个人 40 岁时谈论其为晚年，那么晚年的斯宾诺莎是善良的，几乎是可爱的，尽管他机智而又尖锐。

　　在搬到帕乌金格拉赫特之前的几个月里，斯宾诺莎在斯蒂勒沃卡德（Stileverkade）的周边租了些房间。但是房租太高了，至少他是这么认为的，所以他没有待多久。在搬到斯蒂勒沃卡德之前，他在位于海牙以东的一个小郊区福尔堡住了七年；在此之前，他在莱顿附近的莱茵斯堡住了两年，那是位于阿姆斯特丹和海牙中间的一个小镇。从离开家到搬到莱茵斯堡期间，斯宾诺莎在阿姆斯特丹或其附近的不同地方住过。有时他是朋友的客人，有时他是寄宿者。他从来没有拥有过自己的房子，也从来没有占用超过一间卧室和一间书房。

斯宾诺莎的节俭是自我强加的。尽管他父亲的生意状况起伏不定，但他也出生在一个富裕的家庭。他的舅舅亚伯拉罕是阿姆斯特丹最富有的商人之一，斯宾诺莎的母亲为她的婚姻带来了一大笔嫁妆。然而，到了20多岁的时候，斯宾诺莎就已经对个人财富和社会地位漠不关心，虽然他仍认为商业利润是没有错的。他丝毫不认为金钱和财产对自己是有价值的，尽管他认为对其他人来说这可能是有价值的。斯宾诺莎认为一个人应该积累多少财富、需要支出多少或剩下多少都应该由每个人自己决定。他希望让每个人都成为法官。

斯宾诺莎在冲突中逐渐形成了这种对财富和社会地位的态度。他认识到自己所受教育的价值，他也知道如果没有自己家庭的经济和社会地位，这一切都是不可能的。他在青春期晚期到24岁时是一名商人，有一段时间他还负责家族企业。在那个时候，他显然很在乎钱，当他的犹太同胞还不清债务时，斯宾诺莎还会把他们告上荷兰法庭。从宗教的角度来看，这是一种厚颜无耻的行为，因为犹太人之间的任何冲突都要由领袖在团体内部解决。他的父亲去世时，给公司留下一大笔债务，斯宾诺莎毫不犹豫地担任荷兰法院的监察人，并被指定为父亲遗产的优先债权人。在金钱和财产的问题上，这最后一段插曲是一个分水岭。斯宾诺莎放弃了所有的遗产，除了他父母的床。这张床（ledikant）陪着他从一个地方到另一个地方，而他最终也死在这张床上。顺便说一句，我觉得这种对床的执着是很迷人的。当然，保留这张床是有实际原因的，至少在一段时间内是这样。ledikant是一种有篷的、有四柱的床，上面挂着厚重的床帘，床帘一拉上它就变成了一个温暖、孤立的岛屿。在斯宾诺莎所处的时代，ledikant是财富的标志。阿姆斯特丹住宅中最常见的床是衣橱床（armoire bed），其字面上的意思是，它位于一个宽敞的壁柜内，它的门在夜间可以打开。但想象一下你扶着一张床，在那张床上你的父母孕育了你，当你是婴儿时你在那张床上玩耍，你的父母在那张床上死去，然后你决定永远睡在那张床上，实际上，是生活在那张床上。斯宾诺莎从没想过青春永驻，因为他从未失去过它。

在斯宾诺莎短暂的一生中，历史环境降低了其家族企业的价值和盈利能力，但这几乎算不上是灾难性的崩溃。毫无疑问，作为一个聪明而有事业心的商人，斯宾诺莎本可以使这些衰退的财富起死回生。但那时，斯宾诺莎已经发现了思考和写作是他满足感的来源，而投身于这样的生活并不需要多少财产。有几次，斯宾诺莎的朋友西蒙·德·弗里斯（Simon de Vries）试图向他提供津贴，但斯宾诺莎从未接受。当垂死的德·弗里斯试图让斯宾诺莎成为他的继承人时，斯宾诺莎劝阻了他，坚持说他只会接受一笔小额养老金（500 弗洛林）来维持生活。当德·弗里斯去世并遗赠他们之前约定的小额养老金时，斯宾诺莎进一步减少了金额，只接受了 300 弗洛林。他告诉德·弗里斯困惑的兄弟，那些钱已经足够了。后来，他也拒绝了一个慷慨的邀请，即拒绝成为海德堡大学的哲学教授，这是莱布尼茨推荐的一个职位，虽然拒绝的主要原因可能与他更珍视思想自由有关。即便如此，拒绝教授的职位无疑意味着他珍视自己的思想，甚于在海德堡可以获得的贵族特权。斯宾诺莎通过制作镜片维持生计，1667 年后，他依靠德·弗里斯的小额养老金生活。这笔钱足以支付食宿费用，购买纸张、墨水、玻璃和烟草，以及支付医生的账单。除此之外他什么也不需要。

阿姆斯特丹的 1632 年

无论好与坏，生活并不总是一个样子。斯宾诺莎的父亲米格尔·斯宾诺莎是一个富有的葡萄牙商人，斯宾诺莎的祖父也是如此。当斯宾诺莎在 1632

年出生时，米格尔正从他的仓库里交易糖、香料、干果和巴西木材。他是犹太群体中一名受人尊敬的成员，该群体约有 1400 个家庭，几乎都是西班牙裔犹太民族中的葡萄牙血统。他是葡萄牙犹太教堂的主要捐款人。有几次，他是学校和犹太教堂的管理者，在他生命的最后几年，还是一个当地宗教小团体的成员。索尔·莱维·莫特拉（Saul Levi Mortera）拉比是当时阿姆斯特丹最有影响力的拉比之一，他和米格尔是亲密的朋友。而亚伯拉罕舅舅是梅纳塞·本·伊斯雷尔（Menassah ben Israel）拉比的朋友，他是那个时代的另一位著名拉比。就像许多西班牙裔犹太人一样，他们逃离了葡萄牙和宗教法庭，首先到了法国的南特（Nantes），然后到了这个低地国家，在斯宾诺莎诞出生前不久，他们在阿姆斯特丹定居。斯宾诺莎的母亲汉娜·黛博拉，也来自一个拥有葡萄牙和西班牙血统的、繁荣的西班牙裔犹太家庭。

宗教法庭在葡萄牙的成立时间比在西班牙晚得多。在葡萄牙，它成立于 1536 年，直到 1580 年才开始积聚势头。长期的拖延使葡萄牙裔犹太人有机会移民到安特卫普，后来又移民到阿姆斯特丹，这片土地比西班牙裔犹太人一个世纪前移民到的北非、意大利北部和土耳其更充满希望。

17 世纪初，荷兰，特别是阿姆斯特丹，确实是一片充满希望的土地。与欧洲其他地方不同的是，这里的社会和政治结构具有相对的种族宽容（适用于犹太人，尤其是西班牙裔犹太人）和相对的宗教宽容（适用于犹太人，但不太适用于天主教徒）。贵族们受过良好的教育，也很仁慈。奥兰治王朝确实有王子，但他们担任的职位，相当于对荷兰各省议会负责的主席。荷兰是一个共和国，在斯宾诺莎生活的很长一段时间里，统治者不是奥兰治亲王，而是一个聪明的平民。荷兰引入了现代司法和现代资本主义。商业受到尊重，金钱拥有至高无上的价值。政府制定法律，允许公民自由买卖来获得最大利益。一个庞大的资产阶级蓬勃发展，其致力于追求财富和舒适的生活。更加开明的加尔文主义领导人欢迎葡萄牙裔犹太商人对这一追求做出贡献。

尽管犹太人在文化上背井离乡，但他们在文化上和经济上却很富足。当然，流亡、宗教内部的紧张局势以及必须服从东道国的规定，对他们来说都是困难的。然而，这个犹太群体可能比在葡萄牙时联系更加紧密，在葡萄牙他们分散在一个更大的地区，并且生活在宗教法庭阴影下。犹太人在家里和教堂里自由地信奉自己的宗教。他们的商业蓬勃发展，甚至成功地度过了与西班牙和英国多次交战所带来的经济衰退。在家里、工作场所和犹太教堂，犹太人甚至可以不受歧视地使用他们的母语葡萄牙语。

　　阿姆斯特丹没有专门的犹太区域。犹太人可以住在他们想住和负担得起的任何地方。大多数富裕的犹太人选择住在布格瓦尔（Burgwaal）附近，离西班牙裔犹太教堂不远，这也是斯宾诺莎家族居住的地方。该教堂合并了阿姆斯特丹的三个原始犹太人社区，最终于1639年在霍特格拉希特（Houtgracht）建成。（那座至今仍屹立不倒的令人印象深刻的葡萄牙犹太教堂建于1675年。）许多非犹太人在这儿都有自己的房子，伦勃朗就是其中之一，他住在布里街（Breestraat）的一所房子里，这所房子现在还在。没有证据表明伦勃朗和斯宾诺莎曾经见过面，尽管从日期的重叠来看（伦勃朗生活在1606年到1669年；斯宾诺莎生活在1632年到1677年），他们当然可以见面。伦勃朗认识几个犹太教徒，其中一些人是狂热的艺术收藏家。他给其中一些人画了肖像画，也画了街景和犹太教堂，还为当时最著名的学者梅纳塞·本·伊斯雷尔的一本书配了插图，这位学者最终成了斯宾诺莎的老师之一。相应地，伦勃朗又向本·伊斯雷尔咨询了他的画作《伯沙撒王的盛宴》的细节。如果能发现伦勃朗画过斯宾诺莎的肖像，那就太好了，但没有迹象表明他曾画过。据说，伦勃朗确实在他的画作《扫罗与大卫》中使用了斯宾诺莎的肖像，这幅画大概是他在斯宾诺莎被逐出犹太教堂时创作的。这幅画描绘的是大卫为扫罗弹奏竖琴，这与伦勃朗的另一幅关于这一主题的画《为扫罗演奏竖琴的大卫》完全不同。大卫的身形和特征确实可能是斯宾诺莎。更重要的是，斯宾诺莎也可以被认为是大卫：身形虽小，但出乎意料的强大，有能力摧毁哥利亚并惹怒扫罗，也有能力自己当国王。[3]

信奉新教的荷兰人所施加的限制很少，却很明确。荷兰人把天主教徒当作敌人，特别是野心勃勃的西班牙天主教徒，他们有好战的扩张计划。犹太人也认为天主教徒是敌人，尤其是西班牙天主教徒，西班牙天主教徒不满足于制造一个残酷的宗教法庭，还迫使葡萄牙人建立他们自己的宗教法庭。在这种情况下，犹太人和荷兰人是天生的朋友。此外，荷兰人所关心的事就是生意，葡萄牙裔犹太人给荷兰各省带来了好生意。犹太人首屈一指地控制着伊比利亚半岛、非洲和巴西等地广泛的商业和银行联系网络。笛卡尔在谈到阿姆斯特丹时会说，除了他以外，每个人都忙于做生意，只顾自己的利益，以至于一个人在那里过一辈子都不会被人注意到。这是一厢情愿的想法，但几乎是正确的，尽管笛卡尔很难逃脱人们的注意。当斯宾诺莎长大后，犹太人占阿姆斯特丹证券交易所成员的 10% 左右，在一些与武器销售和国际银行有关的业务中起着至关重要的作用。到 1672 年，阿姆斯特丹的犹太群体已经发展到大约 7500 人。其中犹太银行家占据银行家总数的 13%，但其人口还不到总人口的 4%。西蒙·沙玛指出，犹太人群体在阿姆斯特丹的繁荣可能是因为他们是城市生活中包括银行业重要但非主导的一部分[4]。荷兰人支持犹太人并不令人惊讶。只要他们不试图使新教徒皈依犹太教，或与新教徒结婚，犹太人就可以自由地信奉他们的宗教，并向他们的子女传授这种宗教。

无论阿姆斯特丹有多么友好，人们都不能想象斯宾诺莎年轻时的生活是没有流放阴影的。语言每天都在提醒着人们。斯宾诺莎学习了荷兰语和希伯来语，后来又学习了拉丁语，但他在家里说葡萄牙语，在学校说葡萄牙语或西班牙语。他父亲在家里和在工作时总是说葡萄牙语。所有交易都用葡萄牙语记录；荷兰语仅用于与荷兰客户做交易时。斯宾诺莎的母亲从未学过荷兰语。斯宾诺莎会慨叹他对荷兰语和拉丁语的掌握永远比不上葡萄牙语和西班牙语。"我真希望我能用抚育我的语言给你写信"，他在给一位通信者写信时写到。

除了繁荣之外，礼仪和衣着也在提醒着人们，这是流亡之地，而不是祖国。西班牙裔犹太人的服饰和举止都是贵族的，玩世不恭，世故世俗。他们的生活方式反映了南欧贵族商人的生活，Sephardic 一词指的是那些来自南方城市的人，也就是所谓的西班牙裔。可能是由于更加温和的气候，西班牙裔的生活在很大程度上混合了工作和社交。人们关心优雅而又奢华的服装，倾听来自最遥远地方的新闻，这些新闻每天都由停靠在里斯本（Lisbon）或波尔图（Porto）等大型港口的商船上传来。相比之下，荷兰人似乎太务实和勤奋了。

斯宾诺莎最初可能注定要从事商业，但他却成了一名杰出的犹太教学生，受到莫特拉拉比和本·伊斯雷尔拉比的指导。犹太群体的领袖把这两位犹太学者带到阿姆斯特丹，希望他们能纠正在伊比利亚半岛居住几个世纪以来淡化的宗教习俗。犹太传统复兴的时机已经成熟，因为这个犹太群体很富裕，在地理上也有凝聚力，宗教活动也不需要再秘密进行。犹太人建立了一个 nação，在葡萄牙语中是"国家"的意思，而阿姆斯特丹将成为这个国家的新耶路撒冷。在这种重生和新希望的气氛中，年轻的斯宾诺莎的非凡智慧受到了充分的珍视。

斯宾诺莎被证明是一个勤奋努力的学生。但正是这样的勤奋和求知欲，使他成为《塔木德》（Talmud）的权威，也使他开始质疑他所学知识的基础。他正在发展关于人类本质的概念，这些概念最终将与他所学的知识相背离。这种转变似乎是渐进的，直到斯宾诺莎 18 岁左右成为一名商人时，犹太群体可能才注意到。即使在那时，斯宾诺莎也并没有和犹太教堂直接对抗，有关对抗的消息主要是谣言，斯宾诺莎仍然是一个有良好声誉的成员。然而，转变的迹象也很明显。斯宾诺莎与多个非犹太人建立了密切的友谊，其中包括德·弗里斯，他是斯宾诺莎富有的商业同事，他的家人在辛格尔（Singel）拥有一座华丽的房子，并在阿姆斯特丹附近的斯希丹（Schiedam）拥有一处庄园。斯宾诺莎开始离开这个犹太群体。但更糟糕的事还没有到来。

斯宾诺莎不到 20 岁，也许早在 18 岁，就为学习拉丁语而进入了费朗斯·凡·登·恩登（Frans Van den Enden）的学校。凡·登·恩登是一个放弃宗教信仰的天主教徒，一个自由的思想家，一个通晓多种语言的人，一个博学的人。他拥有医学和法学学位，精通哲学、政治、宗教、音乐、艺术。凡·登·恩登对生活的强烈欲望并没有让他自己陷入困境，却给年轻的斯宾诺莎带来了麻烦。起初是秘密的，然后是公开的，首先是作为一个青少年，然后是作为一个年轻人，斯宾诺莎体验了宗教群体之外的生活。他说出了自己的想法，并行动起来。犹太群体的反应首先是失望，然后是愤怒。

1654 年，也就是斯宾诺莎的父亲去世两年后，22 岁的斯宾诺莎负责的家族企业——"Bento y Gabriel de Espinosa"——继续在财政上支持着犹太教堂。然而，他不再害怕在教众面前使他的父亲难堪，他毫不掩饰自己关于人类本质、上帝和宗教实践的观点，这些观点与犹太教义都不太相符。他的哲学已初具雏形，他畅谈自己的想法。无论之前的导师们怎么恳求，他的声音都没有减弱。没有任何呼吁能打动他。没有任何贿赂或威胁能改变他的想法。一名犹太同胞的谋杀差点结束了这一窘境，尽管并不确定犹太教堂是此次谋杀的幕后黑手。斯宾诺莎在他被刺的那晚穿了一件大斗篷，这使剑刃远离了他苗条的身体。斯宾诺莎活了下来，并没有被吓住，还将斗篷保留下来作为纪念。最后，犹太教堂决定把斯宾诺莎完全排除在犹太群体之外，这是他们最终的手段。1656 年，斯宾诺莎被正式驱逐。至此，他的特权生活就结束了，他出生时的名字是本托·斯宾诺莎，这也是他作为一个商人时所用的名字，但在犹太群体内部，他被称为巴鲁赫·斯宾诺莎。自此，他便作为哲学家本尼迪克特斯·斯宾诺莎开始了自己 21 岁的生活，他的成年时期是在海牙度过的。

快乐总是与一个生命向着一个更完美状态的转换相联系。

斯宾诺莎说
LOOKING FOR SPINOZA

Joy, Sorrow, and the Feeling Brain

思想与事件

如果说斯宾诺莎的少量藏书能够表明什么的话，那一定是他所处时代的新哲学和新物理对他的发展产生了重要的影响。笛卡尔和物理学家的书在斯宾诺莎书架上是最常见的。霍布斯和培根也是其中的代表。但斯宾诺莎年轻时一定读过大量的书，他从博学的朋友那里借来的书，我们永远也找不到。毫无疑问，斯宾诺莎熟悉了评估科学证据的新方法、来自物理和医学的新事实以及笛卡尔和霍布斯所提出的新思想，他们可能是斯宾诺莎成长时期最受欢迎的现代思想家。斯宾诺莎并不是一个系统的实验者，但当时的培根也不是。然而，他对经验科学的理解来自他的阅读，或许还来自他在光学方面的工作。他当然知道如何评价事实。他的成就来自对大量新科学证据的逻辑反思，并辅之以丰富的直觉。

凡·登·恩登的学校以及该校的校长可能是斯宾诺莎思想发展的关键催化剂。凡·登·恩登的圈子是斯宾诺莎讨论思想的理想场所，这些观点显然已经在他年轻的头脑中酝酿，他需要一些开放的，即使是有限的辩论使这些观点成熟。凡·登·恩登经营着一所很不错的学校（位于阿姆斯特丹运河主干道之一的辛格尔街上），富裕的荷兰商人经常送孩子去那里上学，他们希望自己的孩子能精于世故。在开办学校之前，凡·登·恩登在德·孔斯特 - 温克尔（de Kunst-Winkel）经营着一家书店和艺术画廊，这里对渴望非传统思想的聪明青年来说，是一个非常有吸引力的聚会场所。凡·登·恩登凭借他的精力充沛和博学多识，给人留下了极具魅力的印象，人们很容易把他想象成一个温和而又狡猾的、有着政治和宗教异见的青年领袖。在凡·登·恩登 50 岁左右的时候斯宾诺莎遇见了他，在他 70 岁的时候，由于推翻路易十四的阴谋失败，他在法国被绞死。他法语很好，但还算不上是贵族，配不上断头台的荣耀。

斯宾诺莎最初加入凡·登·恩登学校是因为他需要学习拉丁语，这是哲学和科学的通用语，而他原本所接受的广泛教育没有包括拉丁语。但他在学校不只学到了拉丁语，他还学习了哲学、医学、物理学、历史和政治，还包括自由思想家凡·登·恩登所提倡的自由恋爱。斯宾诺莎一定带着放纵和喜悦走进这禁欲之地。如果真有丑闻学校的话，那么凡·登·恩登就是这样一所学校。斯宾诺莎似乎也从年轻拉丁语教师克拉拉·玛丽亚·凡·登·恩登（Clara Maria Van den Enden）身上第一次尝到了爱情的滋味。

与凡·登·恩登的相识使斯宾诺莎的生活发生了显著的变化，与此同时，斯宾诺莎个人生活的其他部分也在发生变化。在他入学前的几年里，在十七八岁的时候，斯宾诺莎已经成为他父亲企业里一名活跃的商人。进入商界意味着他中断了正式的学业，尽管他仍然参与犹太教堂的生活，他似乎还加入了一个由拉比本·伊斯雷尔所领导的讨论小组，这是一种只有犹太教高级学生才能接触到的学术聚会。进入商业世界也意味着遇到志同道合的，但不是犹太人的年轻商业同事。其中包括30多岁的门诺派教徒亚里戈·耶勒斯（Jarig Jelles）、年龄不详的天主教徒彼得·巴林（Pieter Balling）以及比斯宾诺莎小3岁的贵格会教徒德·弗里斯。这三个人虽没有斯宾诺莎那样的知识水平，但他们在宗教和政治上都有不同的倾向，他们热衷于讨论新思想，充满了年轻人对生活的渴望。胡安·德·普拉多（Juan de Prado）是斯宾诺莎唯一交过的同龄犹太朋友，他是另一个持有异见的年轻人，因为异端言论，他多次被犹太教堂审查，最终也被驱逐。在这一阶段，新的、非宗教的生活对刚刚成年的斯宾诺莎产生了重大影响。

新观念的影响必须与旧的观念对比来看。斯宾诺莎所处时代的新观念与他所受教育的宗教旧观念发生了尖锐的冲突。斯宾诺莎研究了《塔木德》和《托拉犹太律法》（Torah），阅读了卡巴拉（Kabbalah）的经文，这些经文来自西班牙裔犹太民族传统，而且在阿姆斯特丹的葡萄牙裔犹太人中特别受欢迎。几乎没有比这更戏剧化的冲突了。奇迹存在于旧的文献中，但对这些奇迹的科学解释可以从新的事实中得出。人们盲目相信神秘和古老文献中隐藏的含义，但新的证据有可能解释这些神秘。旧的迷信可以被揭露出他们本来的样子。

冲突本来是不可避免的，但斯宾诺莎的个人经历使冲突更有可能发生。斯宾诺莎的母亲在他六岁的时候去世了，那时她还不到 30 岁，她的去世为斯宾诺莎幸运的成长过程蒙上了另一层阴影。[5] 我们对她的了解并不多，但她对小斯宾诺莎的成长所做的贡献可能是相当大的，她的死亡对斯宾诺莎来说是一件深感悲痛的事件。如果这样的童年是注定的话，我不认为在母亲去世后斯宾诺莎童年还剩下多少。十岁的斯宾诺莎一边上学一边帮父亲打理生意，这给人们留下了早熟的印象。这个男孩接触到了现实的商业世界，在阿姆斯特丹这个熙熙攘攘的小世界里，他也接触到了为谋生而挣扎的人类的荣耀和脆弱。斯宾诺莎的父亲在他的母亲去世三年后再婚，斯宾诺莎与父亲的亲密程度似乎有所增加。据说，尽管米格尔积极参与宗教生活，但他对虚伪的行为，无论是否为宗教行为，几乎没有耐心。他嘲笑宗教仪式的虔诚，并教他的儿子如何在人际关系中分辨真伪。不出意外，年轻的斯宾诺莎鄙视迷信和虚假。他非常骄傲自大，他的机智经常使他的老师们陷入窘境。此外，米格尔从不掩饰他对灵魂不朽的怀疑态度。斯宾诺莎当然已经准备好看到虔诚表面之外的事物，也一定警觉到了宗教经文的规定与普通人日常实践之间的鸿沟。斯宾诺莎对于仪式价值的质疑似乎是从家里开始的。

乌列·达·科斯塔事件

也许斯宾诺莎对权威的反抗可以追溯到乌列·达·科斯塔生命最后一年发生的事件，他是斯宾诺莎母亲的亲戚，在斯宾诺莎的童年时期，他也是阿姆斯特丹犹太群体中的核心人物。

根据一些资料显示，这一关键事件发生在 1640 年，或者 1647 年。结合另一些资料得知，这一年斯宾诺莎大概率小于 15 岁，可能只有 8 岁。下面是事件的起因。

乌列·达·科斯塔原名加布里埃尔·达·科斯塔（Gabriel da Costa），出生于葡萄牙的波尔图，斯宾诺莎的母亲也来自波尔图。他的家族也是西班牙裔犹太富商，他们在表面上皈依天主教。加布里埃尔从小被作为天主教徒抚养，过着享有特权的生活。他是一位年轻贵族绅士，在成长过程中有两种爱好：骏马和思考，他的才智使他能够在科英布拉（Coimbra）大学学习宗教并成为一名教授。然而，随着善于思考的达·科斯塔对宗教了解的加深，他发现天主教的错误越来越多，并逐渐得出结论：他们家族祖先所信仰的犹太教更真实、更可取。这些结论本应保密，但事实也许并非如此。达·科斯塔和他的母亲，也许还有其他的亲戚，从改宗者（conversos）——皈依基督教的犹太人，变成了马拉诺（marrano）——秘密信奉犹太教的基督徒。不管是否有正当理由，达·科斯塔意识到宗教法庭的阴影正笼罩着他，他开始相信他和他的家人正处于危险之中。他说服家人搬到荷兰去。他的三个兄弟、他的母亲、他的妻子，他们的仆人和他们的鸟笼，他们在波尔图庄园和避暑别墅里的精致家具、精致的瓷器和亚麻制品，在夜幕下登上了杜罗河上（Douro River）的一条船。[6] 他们出发了，就像之前和之后的许多人一样，沿着大西洋海岸前往荷兰或德国的港口，开始新的生活。

我讲这一冗长的起因是为了说明，达·科斯塔在阿姆斯特丹定居后，放弃了他的葡萄牙名布里埃尔，使用了希伯来语变体乌列作为新的名字，从此他开始对犹太教进行细致的分析，并进行了更多的沉思。这一次，他对犹太人的做法和教义提出了批评，并公开宣扬他的发现：宗教实践是迷信的，上帝不可能像人，救赎不应该建立在恐惧之上，等等。所有这些，甚至更多，他不仅说，还要写。犹太教堂以批评和警告加以回应。在随后的几十年里，达·科斯塔被逐出教会，然后复职，然后再次被逐出教会，他在汉堡的犹太社区找到了避难所，最终他也被逐出了犹太群体。达·科斯塔事件已经成为犹太民族的一个严重问题，因为犹太领导人担心达·科斯塔的公然异见会败坏该群体的名誉，甚至更糟。荷兰当局可能考虑对整个犹太群体进行报复，因为他们担心反宗教的犹太情绪可能传播到新教群体中。

到 1640 年（最晚是 1647 年），达·科斯塔事件达到了顶峰。犹太教会想要解决这一尴尬局面，达·科斯塔也是如此，他当时已经五十多岁，身体和精神明显地被这场永无休止的战斗消耗殆尽。和解就此达成。达·科斯塔要到犹太教堂里放弃自己的异端邪说，以便众人都能看见他的悔改。他将受到身体上的惩罚，这样，他的严重罪行才不会被忘记。然后，他就可以重新获得在犹太民族的地位。

在他的著作《人类的生命范例》（*Exernphlar Vitae Humanae*）中，达·科斯塔反抗了这种权势，毫无疑问地表明，他接受了既定的原则并不意味着他的思想已经完全改变了。他明确指出，持续的屈辱和纯粹的体力衰竭让他别无选择。

大剧场和大马戏团合二为一，人们充分宣传并热切期待着惩罚日的到来。犹太教堂里挤满了男人、女人和孩子，有的坐着，有的站着，几乎没有任何移动的空间，大家都在等待着上演不同寻常的娱乐活动。空气中充满了兴奋的气息，只听得到鞋子与木地板上的沙粒摩擦的声音。

在适当的时候，达·科斯塔被要求登上中央舞台，并被要求宣读一份由教众领袖准备的声明。达·科斯塔用他们所准备的文字，承认了自己的许多罪过：不遵守安息日、不遵守戒律、试图阻止其他人加入犹太信仰，这些过错足以让他死一千次，但他得到了宽恕，因为他承诺，作为赔偿，他不再从事这种可憎的不公平和暴行。

宣读结束后，他被要求从舞台上走下来，一位拉比在他耳边轻声说，他现在应该走到犹太教堂的某个角落去。他照做了。在角落里，诅咒者（chmach）要求他将衣服脱到腰部，脱下鞋子，用一块红手帕裹住他的头。然后他被要求靠在一根柱子上，双手被绳子绑在柱子上。此时，死一般的沉寂。在阴森森的沉寂中，教堂的合唱指挥（hazan）拿着皮鞭走近，开始鞭打达·科斯塔，在他赤裸的后背上鞭笞了 39 下。随着惩罚的进行，也许是为了加快鞭笞的速度，会众开始唱赞美诗。达·科斯塔清点了鞭打的次数，并认为施刑者严格遵守了法律，法律规定鞭打的次数不得超过 40 下。

惩罚结束后，达·科斯塔被允许坐在地板上，重新穿上衣服。然后一位拉比向所有人宣布他恢复了犹太身份。逐出教会的决定被取消了，犹太教堂的门现在对达·科斯塔敞开着，就像有一天通往天堂的门也会对他敞开一样。我们不知道这则消息是得到了沉默还是掌声。我猜是沉默。

但仪式还没有完成。达·科斯塔被要求来到正门，躺在门槛处。诅咒者把他扶到地上，用手抱着他的头，表现出关切而温柔的样子。然后，男人、女人和孩子们一个接一个地离开了教堂，每个人都必须从他身上跨过去。他在回忆录中向我们保证，没有人真的踩到他。

此时教堂里空无一人。诅咒者和其他几个人热烈祝贺他圆满地接受了惩罚，并祝贺他迎来了生命中新的一天。他们把他扶起来，掸掉那些从教众鞋底掉在他破烂衣服上的沙子。乌列·达·科斯塔再次成为新耶路撒冷的一员。

目前尚不清楚达·科斯塔在这具体居住了多少天。达·科斯塔被带回家，继续完成他的手稿《人类的生命范例》。最后十页提到了这件事以及他对这件事的无力反抗。完成手稿后，达·科斯塔开枪自杀了。第一颗子弹并没有击中目标，但第二颗子弹杀死了他。他以多种方式表达出了自己的遗言。

斯宾诺莎在他的书和信件中没有提到过乌列·达·科斯塔的名字。但是斯宾诺莎对达·科斯塔了如指掌。的确，在同一时期也有其他开除教籍、改变信仰和公开惩罚的事情发生。1639 年，一位名叫亚伯拉罕·门德斯（Abraham Mendes）的人也受到了类似的惩罚：撤回前言、鞭打、被教众跨过，这表明犹太教堂毫不犹豫地在其成员中推行纪律[7]。但达·科斯塔事件是这类事件中最突出的。他不是一个简单的异端，而是一个公开发表言论的异端，他坚持他的错误的方式几十年，这说明了这起丑闻的背景。斯宾诺莎，无论当时是 8 岁还是 15 岁，都和他的父亲和兄弟姐妹在观众席上。多年来，这个案例一直被谈论，我们可以在斯宾诺莎关于宗教的一些著作中感觉到它的轮廓。最后，也许最重要的是，乌列·达·科斯塔在宗教方面的一般立场也成为斯宾诺莎的立场[8]。达·科斯塔不是像斯宾诺莎那样的思想家。他是一个忧虑不安的人，每当察觉到有什么不公平之处，他就忍不住要以愤慨来回应。他表达了当时许多人都很虚伪的看法，他真正的独创性是殉难。斯宾诺莎对这件事的沉默可能反映了他决定拒绝达·科斯塔思想的影响，因为无论如何这些思想都是悬而未决的，达·科斯塔从来没有像斯宾诺莎最终做的那样对思想进行深入的分析。也许斯宾诺莎只是受到了这种影响力所带来的焦虑，有意识或无意识地拒绝承认这份人情债，如果人情债是存在的话。顺便说一下，他与凡·登·恩登的关系也是如此。斯宾诺莎从来没有提到过他的名字。尽管如此，还是有理由相信，达·科斯塔事件对斯宾诺莎产生了深远的影响，这更多的是因为它的戏剧性，而不是他在《人类的生命范例》中所进行的分析。对这一事件的回忆可能让斯宾诺莎在面对自己的战斗时坚定立场，并引导了他在被逐出教会时不出席的决定。斯宾诺莎被革除教门与达·科斯塔改变信仰的决定是在同一地点被宣读的，但斯宾诺莎并没有出席。

犹太迫害和马拉诺传统

尽管表面上很繁荣，但生活在阿姆斯特丹的犹太民族并不十分安全。人们一直担心，犹太人的任何错误举动都可能被加尔文主义当局误解，从而导致对犹太群体的批评或惩罚。犹太人曾遭迫害，他们在阿姆斯特丹居住的君子协议也要求他们小心行事。他们可以公开展示对上帝的信仰，但不能公开捍卫犹太教，也不能试图使当地公民皈依犹太信仰，不能和当地居民结婚。最重要的是，必须谨慎行事。

犹太人是有益的客人，而不是同胞。他们的良好行为将以公民自由作为回报，但他们也时刻面临着失去公民自由的风险。对乌列·达·科斯塔的惩罚是为了提醒他们注意这种风险。斯宾诺莎那一代的犹太人可能认为自己是荷兰人，而不是流亡者，随着时间的推移，斯宾诺莎确实取得了自己是荷兰人的身份。但这种认同的基础是最近才建立的，并不是特别牢固。

阿姆斯特丹新的葡萄牙犹太教堂说明了这一切。这所引人注目的建筑于1675 年开放，它不是一座单独的建筑，而是一个有围墙的院落，其中包括一个避难所、学校、供成年人聚会和儿童玩耍的场地，不受外界的干扰。

犹太领袖对可能违反荷兰东道主制定的规则而感到担忧。首先，领袖们意识到，虽然他们受到欢迎是因为给荷兰带来了商业利益，但这一欢迎的坚定程度取决于荷兰当局部分人士宽容和慷慨的态度。这部分人士的规模随政治的变化而变化，良性的影响也会相应地缩小或扩大。例如，当德威特享有巨额养老金时，荷兰的各省发挥着当时最先进的民主共和国的作用。那些较为保守和顽固的势力（奥兰治派）受到了控制。但在 1672 年德威特遇刺后，情况发生了相反的变化，民主的梦想被中止了。

其次，尽管犹太人有相当大的凝聚力，但他们内部的关系也很紧张。例如，犹太内部存在着与宗教活动有关的冲突，这并不奇怪，因为nação的大多数成员，也许是所有成员，都曾在没有犹太教堂帮助的情况下，在葡萄牙秘密地进行宗教活动。而且也存在着一系列与社会问题相关的冲突，这对一个久被隔离的群体来说是不足为奇的，也是不可避免的。nação的领袖尽一切可能防止荷兰人看到这些冲突。他们希望他们所塑造的热爱上帝、努力工作的形象是无法被打破的。西班牙裔犹太人的性欲被认为是无法满足的，要与这种欲望的社会后果作斗争已经足够尴尬了。另一个冲突是管理来自欧洲北部和东部的不同犹太移民群体，他们大多贫穷，没有受过教育。斯宾诺莎从小就是一位关注人类冲突的目击者，包括个人内心的、社会的、宗教的和政治的冲突。当他描写人类及其弱点时，无论是单独描写，还是在人类所创立的宗教和政治机构中描写，他都清楚自己在说什么。

斯宾诺莎敏锐地意识到西班牙裔犹太人在他们到达低地国家之前的历史，并且完全熟悉犹太人在宗教和政治层面上的问题，他在《神学政治论》中对此进行了评论。他的哲学主题的选择和形成都离不开这段历史的影响，而马拉诺就是这段历史重要的组成部分。

马拉诺传统是指犹太人被迫皈依基督教后秘密举行的宗教仪式。这一传统始于犹太人被驱逐之前数十年，即1492年的西班牙，但1500年之后在葡萄牙变得尤为强烈。一个世纪后，这种传统仍在发展壮大，当时犹太群体的精英们正在向低地国家迈进[9]。

1492年后，在西班牙的西班牙裔犹太人大量逃往葡萄牙。当时，葡萄牙以和平的方式对待犹太人，据统计，这吸引了超过10万犹太人越过边境。然而，葡萄牙犹太群体的规模并不大，犹太人数量的突然增加带来了一系列的社会问题。问题的关键是如何使新的人口融入葡萄牙的社会结构中。这个新群体中相当一部分人（大多数是商人、金融家、专业人士和熟练的工匠）的财富和地位使他们与当时的葡萄牙小资产阶级截然不同，就像他们与普通人和贵族的区别一样。他们不太适合这个社会。在一片不安之中，国王约翰二世（John II）和他的继任者国王曼努埃尔一世（Manuel I）试图用截然不同的策略来处理这个问题。1492 年，当这个问题第一次出现时，约翰二世向新来的人征重税。八个克鲁扎多（cruzado）只够一个人在葡萄牙居住几个月。在此之后，新移民要想获得永久居留的许可，就必须向王室缴纳巨额且保密的税款。否则，逃亡者就没有公民权利，也没有公民身份。实际上，他们属于国王，并随他的意愿而存在。约翰二世的继任者曼努埃尔一世采取了不同的策略。葡萄牙从事着庞大的殖民事业，其建立的海外帝国与其有限的土地和人口完全不成比例。曼努埃尔一世认识到犹太人在这一非凡工作中的潜在价值。因此，他恢复了犹太逃亡者的公民权利。然而，这一措施的缺点是代价过高：犹太人被迫皈依基督教。他们必须在接受洗礼和离开这个国家之间做选择[10]。

很快，许多最初被驱逐，然后被剥削的犹太人现在接受了洗礼。之后到底发生了什么很难用数字来描述，但大致是这样的。有相当一部分西班牙裔犹太人完全融入了基督教以及葡萄牙式的生活，但他们承受着不同程度的痛苦。他们成为皈依基督教的犹太人或新基督徒。现如今，在经历了几代人之后，人们可以找到他们的后代，其中有的是天主教徒，有的是新教徒，有的不再信仰宗教。他们融入了这个古老的国家，他们的犹太血统在五个世纪的历史长河中变得模糊不清。另一部分西班牙裔犹太人成为马拉诺。从表面上看，马拉诺是基督徒，但他们在私底下仍然严格遵守犹太教义并保持他们的传统。大多数新基督徒不太可能是秘密的犹太教实践者，但没有人知道他们之中有多少人是或者他们实行了多久。顺便说一句，马拉诺的英文"marrano"来自西班牙语"marrar"，既是一种纯粹的侮辱（它代表猪瘟），也是一种智力上的轻视（它也表示不完整或失败）。

马拉诺的命运千变万化。其中一群马拉诺死于葡萄牙成立的宗教法庭（1536 年）[11]，宗教法庭将其注意力从新教异端分子（在葡萄牙没有多少人可被迫害）转向马拉诺，迫害马拉诺对教会和国家来说是更有利可图的[12]。另一群马拉诺放弃了他们勇敢的决心，放弃维持他们那危险的、日渐衰落的历史传统，他们也加入了前葡萄牙犹太人的行列。马拉诺中最少的一部分人最终离开了葡萄牙，他们所拥有的大量财富和国际关系使他们得以移民。

马拉诺经常更改他们的名字，不仅是为了象征性的原因，比如，加布里埃尔将自己改名为乌列，也是为了保护自己。别名使宗教法庭的间谍难以找到他们，并让仍在葡萄牙的家庭成员们不怀疑自己。在斯宾诺莎的成长过程中，他身边的成年人不仅要隐藏活动，还要隐藏思想。坚忍的性格是马拉诺生命的又一遗产。几十年来，在没有宗教机构的帮助下（犹太教堂当然是关闭的），人们的生活，尤其是宗教信仰，一直在艰难的环境中维持着，并以一种勇敢的、谦逊的态度保持着。最终，当斯宾诺莎不得不隐藏自己的思想时（隐藏的原因并非与马拉诺完全不同），祖先的经验是有用的。巧妙伪装自己的传统自然而然地出现了，坚忍的性格也是如此，这一性格特征是斯宾诺莎人类实践的一个典型特征，其起源并不只存在于希腊哲学中。然而，最重要的是，西班牙裔犹太人的近代历史迫使斯宾诺莎去面对宗教和政治这一奇怪组合所做出的决定，这些决定在几个世纪里维持了犹太人民的凝聚力。我相信这次冲突让斯宾诺莎对这段历史形成了自己的看法。斯宾诺莎形成了一种雄心勃勃的人性观，这种人性观超越了犹太人所面临的问题，并适用于整个人类。

如果马拉诺没有在阿姆斯特丹得到解放、获得自由，斯宾诺莎是不是会不一样？我想，不完全是。如果斯宾诺莎的父母留在了葡萄牙，他还会是斯宾诺莎吗？你能想象本托在波尔图、维迪盖拉（Vidigueira）或贝尔蒙特（Belmonte）长大吗？当然，有一千个理由，这是不可能的。的确，马拉诺的思想中固有的冲突使其远离了不可调和的宗教力量，走向自然和世俗[13]。但无论马拉诺的冲突有多激烈，我们都需要火花来点燃创造力之火，而这火花就是自由。考虑到斯宾诺莎死后荷兰对待他作品的方式，这听起来可能有些矛盾，但事实并非如此。当斯宾诺莎的作品准备出版时，荷兰的自由根本就不足以包容他的作品，更不用说欢迎。但这足以让他获得当时新颖的相关阅读材料；足以让他与不同宗教和社会背景的人辩论他的新思想；并且足以让他成为一个独立的实体，致力于重新思考人类本质这一单一活动。在 17 世纪，这一切在葡萄牙，甚至是世界上任何地方都是不可能的。将一个饱受惩罚的民族所积压的冲突转化成天赋的人类创造力，需要荷兰黄金时代这样的独特环境。

逐出教会

斯宾诺莎出生于一个流亡者社区，到了 24 岁，他就被驱逐出了这个群体。他正在走向一种更大的身体和社会层面的孤立，只有其作品的普遍性才能超越这种孤立。他最后与犹太教堂之间发生的事，几乎与乌列·达·科斯塔一样具有戏剧性。拉比们知道斯宾诺莎的想法，也知道他正针对律法的许多方面展开辩论。然而，在他父亲去世之前，除了与个别拉比辩论以外，斯宾诺莎似乎很少公开发表他的观点，也没有把它们写下来。他仍前往犹太教堂。自从他的父亲去世后，22 岁的斯宾诺莎就承担起了管理公司的责任。就在这一刻，变化发生了。他变得更加直言不讳，不再害怕自己的观点会引起尴尬；他在犹太群体外建立了亲密的友谊；他开始将犹太成员的世俗事务带入荷兰世俗世界中。而斯宾诺莎忽视了一条硬性规定，即所有与犹太人有关的社会问题，如商业、财产纠纷等，都应该在 nação 的世俗势力范围内，而不是在荷兰法庭上处理。

犹太教堂的长老们尽他们所能来说服斯宾诺莎改变自己的思想和行为。

他们答应给斯宾诺莎一笔1000弗罗林的年金，我们可以想象斯宾诺莎在拒绝这一提议时那种勉强客气的轻蔑。后来，他们颁布了一个"较轻"的逐出教会令，将斯宾诺莎与犹太群体隔离了30天。甚至后来，他们可能下令谋杀斯宾诺莎，而斯宾诺莎幸存了下来。这一行动更加坚定了斯宾诺莎的决心。

1656年7月27日，犹太教堂终于颁布了"高"的逐出教会令（cherem）。对于这种现象，我们有必要简单介绍一下。一方面，值得注意的是，虽然cherem总是被翻译为逐出教会，但这个词更准确的翻译是放逐或排斥。惩罚并不是由教会当局下达的，而是由年长者，即犹太长老或"议员"下达的。尽管他们征求了拉比们的意见，但这一后果不仅有宗教意义，被惩罚者在身体和社会层面都被排除在群体之外。另一方面，人们也必须注意到，与天主教的等价惩罚火刑相比，逐出教会是多么的温和。与酷刑室和火刑柱相比，即使是可怜的乌列·达·科斯塔所受的39下鞭刑也显得苍白无力。不管他们是否有什么需要忏悔的，这些都是不悔悟的异教徒在宗教法庭的命运。毕竟，邪恶有多种程度。

以阿姆斯特丹犹太人的标准来看，斯宾诺莎的逐出教会令被认为是残忍的、不寻常的、暴力的和破坏性的。毫无疑问，他们对这种惩罚感到尴尬。当与斯宾诺莎同时代的传记作者约翰尼斯·卡勒卢斯（Johannes Colerus）第一次尝试获得逐出教会令的文本时，长老们拒绝了。

当地犹太人的记录表明，从斯宾诺莎出生到他得到自己的逐出教会令时，共颁布过15个"严重"的逐出教会令。其他人在语言上都没他那样激烈，在谴责上也没他那样彻底。奇怪的是，有一个诅咒是斯宾诺莎逐出教会令的一部分，它似乎早在几十年前就已经被威尼斯西班牙裔犹太民族的长老写下了。在1656年之前，这个诅咒就被阿姆斯特丹长老引入了，并被收录在一本惩戒书中，用于惩罚无纪律的人。斯宾诺莎的前导师、他父亲的密友莫特拉拉比，为斯宾诺莎选择了这一惩罚。有必要在此为读者复述一下这份逐出教会令，以下是 1880 年斯宾诺莎研究者弗雷德里克·波洛克（Frederick Pollock）提供的葡萄牙语原文的翻译版本。

你们要知道，委员会的长老们早就了解了斯宾诺莎邪恶的观点和恶行，他们用各种各样的方法承诺要把他从罪恶的道路上拉回来，但他们也找不到补救的办法。相反，他们每天都更了解他所施行和教导的可憎的异端邪说，以及他所犯的其他恶行，也知道有许多值得信赖的证人，证人们曾在斯宾诺莎面前宣誓作证，并为他定罪；所有这些都在长老面前被审查过，长老们一致决定，斯宾诺莎应该被逐出教会，并切断其与以色列民族的联系；现在他被逐出教会，被施加如下诅咒：

我们借着天使和众圣徒的审判，经长老和会众的同意，在《圣经》面前，将斯宾诺莎逐出教会、切断他与宗教的联系、诅咒他：《圣经》中所写的第 613 条诫命，约书亚对耶利哥、以利沙对孩子们施加的诅咒，以及律法上所写的所有诅咒。他白天必受诅咒，晚上也必受诅咒。他睡觉必受诅咒，醒来也必受诅咒，出去也必受诅咒，进来也必受诅咒。耶和华必不赦免他，要向这人大发烈怒，将律法书上所写的一切诅咒都加在他身上。耶和华必在日光之下毁灭他的名，用律法书上所写的一切诅咒，将他从以色列各支派中去除，使他灭亡。唯独听从耶和华神的，今日你们都将存活。

我们警告你们，不可与他说话，也不可写信给他，也不可厚待他，不可与他同住一屋，也不可在他四腕尺之内，也不可读他所写的文字。[14]

斯宾诺莎被逐出了犹太群体。他的家人和犹太群体中的熟人被禁止见他，必须远离他。他像鸟儿一样自由自在，也几乎和鸟儿一样一无所有。他现在自称为本尼迪克特斯。

值得注意的是，即使在丑闻公开的这一阶段，也没有迹象表明斯宾诺莎试图利用审判者们的尴尬，以他的言论赢得公众的胜利。如果他愿意的话，他可以揭露犹太教会的权势，并以一连串言辞激烈的辩论来回应逐出教会令，但他没有。[15]

斯宾诺莎的克制是他智慧的一种早期迹象，多年后，他坚持他的文本应该只用拉丁语，以便只有那些有足够学识的人才能阅读它们，并与它们潜在传达的令人不安的思想进行斗争。我相信斯宾诺莎真正关心的，是他的思想会对那些只靠信念来维持生活平衡的人产生影响。

1656 年 7 月 27 日，盛夏的一天，可能是在离犹太教堂不远的一个荷兰朋友的家里，斯宾诺莎被认为是用这样一句话来迎接逐出教会令的："这没有强迫我做任何我不该做的事。"简明，端庄，切中要害。

遗产

斯宾诺莎的遗产是一件悲伤而复杂的事。有人可能会说，考虑到历史背景和他不妥协的立场，我们可以预料到人们对他作品的禁止以及对其激烈的攻击。正如他的预防措施所显示的，斯宾诺莎在一定程度上预料到了。尽管如此，人们对其作品的反应比任何人预期的都要强烈。

斯宾诺莎没有留下遗嘱，但他向他在阿姆斯特丹的朋友兼出版商里厄沃茨详细说明了如何处理他的手稿。里厄沃茨非常忠诚，也很勇敢、聪明。斯宾诺莎于 1677 年 2 月底去世，但在同一年年底，一本名为《波斯修玛歌剧》

（*Opera Postuma*）的书出版了，《伦理学》是这本书的核心。荷兰语译本和法语译本出版于 1678 年。斯宾诺莎的思想激起了人们最猛烈的愤怒，而里厄沃茨和斯宾诺莎的朋友们不得不与这种愤怒作斗争。当然，犹太人、梵蒂冈和加尔文主义者的谴责是意料之中的事，但反应却更为激烈。荷兰当局是第一个禁止这本书的国家，其他欧洲国家随之禁止。在一些地方，也就是荷兰，这项禁令得到了坚决执行。当局对书店进行检查，并没收了他们发现的任何斯宾诺莎的书籍。出版或出售这本书是一种犯罪，只要人们对它感到好奇，它就一直是一种犯罪。里厄沃茨巧妙地避开了当局的追捕，始终否认对原作知情，也否认对印刷负有任何责任。在荷兰和国外，他非法分发了一些书，具体分发了多少尚不清楚。

因此，斯宾诺莎的书在欧洲的许多私人图书馆里都是安全的，这显然是对教会和当局的蔑视。特别是在法国，他的书被广泛阅读。毫无疑问，这部作品中更容易理解的部分，处理宗教组织及其与国家关系的部分，正在被吸收，并在许多方面受到赞赏。尽管如此，教会和当局在很大程度上赢得了这场战斗，因为斯宾诺莎的思想很难被正面引用。这项禁令是含蓄的，而不是公开的立法，但它以这种方式产生了更好的结果。很少有哲学家或科学家敢与斯宾诺莎站在一边，因为这将带来灾难。通过公开引用斯宾诺莎的论据或在其著作中追溯一个想法来支持任何主张，都会削弱该主张被公众听到的机会。斯宾诺莎被诅咒了。在斯宾诺莎死后的一百年里，这种情况在整个欧洲都适用。相反，负面的引用是受欢迎的且丰富的。在一些地方，比如葡萄牙，每提到斯宾诺莎都会带有一个强制性的贬义词，如"无耻的""有害的""不敬的"或"愚蠢的"[16]！有时，批评只是烟幕弹，作者设法以隐蔽的方式传播斯宾诺莎的思想。最著名的例子是皮埃尔·贝利（Pierre Bayle）在《哲学批判词典》中关于斯宾诺莎的文章。玛里亚·路易莎·里贝罗·费雷拉（Maria Luisa Ribeiro Ferreira）认为，贝利文本的多个矛盾之处也许是故意模棱两可的；实际上他成功引起人们对斯宾诺莎观点的关注，同时又似乎在

否定他的观点 [17]。值得注意的是，斯宾诺莎条目是整部辞典中最长的。

然而，巧妙的怀疑和矛盾情绪有时是不允许存在的，秘密崇拜者们被敦促删除他们不虔诚的斯宾诺莎主义作品。不然的话，一个突出的例子是孟德斯鸠对启蒙运动的主要贡献《论法的精神》（1748 年）。孟德斯鸠关于伦理、上帝、宗教组织和政治的观点都是通过斯宾诺莎的思想提出的，而且不出所料地受到了谴责。孟德斯鸠似乎没有预料到这一攻击的破坏性。在这本书出版不久之后，孟德斯鸠被迫否认他的观点，并公开宣誓他对基督教创造者上帝的信仰。这样的信徒怎么会和斯宾诺莎有关系呢？正如乔纳森·伊斯雷尔（Jonathan Israel）所说的那样，对孟德斯鸠的保留意见仍然存在，梵蒂冈仍然不相信孟德斯鸠。小心！

随着有关斯宾诺莎的记录被洗涤，他的思想越来越不为后代所知。斯宾诺莎的影响没有得到承认。斯宾诺莎受到嘲笑和掠夺。在他生前，他的身份为人所知，但他的思想却不为人知；他死后，他的思想可以被自由传播，但作者的身份只为同时代的人所知，并且被小心地隐藏在未来之中。

这种状况终于改变了。最近，人们清楚地看到，斯宾诺莎的著作是启蒙运动发展的决定性引擎，他的思想帮助塑造了 18 世纪欧洲核心思想的辩论，尽管这一时期的历史几乎不会让任何人相信这一点。乔纳森·伊斯雷尔令人信服地阐述了这一观点，之前的沉默让很多人相信斯宾诺莎的影响已经随他一同逝去了，伊斯雷尔揭示了沉默背后的重要事实 [18]。人们普遍认为，约翰·洛克的著作从启蒙运动的早期就主导了辩论，伊斯雷尔提供的证据反驳了这种看法。例如，作为启蒙运动的核心出版物之一，狄德罗和达朗贝尔的《百科全书》对斯宾诺莎的描述是洛克的五倍之多，尽管它对洛克的赞美更多，正如伊斯雷尔所说，这也许是"为了转移注意力"。伊斯雷尔还指出，在翰·海因里希·泽德勒（Johann Heinrich Zedler）1750 年出版的《世界百科大全》（被誉为 18 世纪最大的百科全书），"斯宾诺莎"和"斯宾诺莎主义"的词条都比洛克的词条要长。洛克这一明星确实升起了，但要晚一些。[19]

可悲的是，很少有明智的哲学家，无论年轻的还是年老的，公开向斯宾诺莎表示敬意，更不用说扮演他的门徒或延续者的角色了。即使是莱布尼茨也没有这样做，尽管他在斯宾诺莎的著作发表之前就阅读过其全部著作，莱布尼茨可能是当时欣赏斯宾诺莎的人中最有才智的。他像大多数人一样，跑去找掩护，谨慎地站在了批判的立场。启蒙运动的官方代表也是如此。私下里，他们被斯宾诺莎所启蒙；公开地，他们却谴责他。伏尔泰关于斯宾诺莎的小诗体现了公众对其强制性的批评和他个人对斯宾诺莎的矛盾心理[20]。我将这首诗翻译如下：

> 然后，一个长着长鼻子的、脸色苍白的、矮小的犹太人，
> 可怜却满足，忧郁而矜持，
> 一个机智而空洞的灵魂，知道的人不多，却名声显赫，
> 隐藏在他导师笛卡尔的斗篷之下，
> 迈着审慎的步伐，走向伟大的存在：
> 对不起，他低声地说，
> 但我认为，我们之间，你根本不存在。
>
> ——伏尔泰

启蒙运动之后

启蒙运动后，斯宾诺莎的影响变得更加公开。引用斯宾诺莎不再是一种犯罪。随着世俗世界的不断发展，斯宾诺莎变成了先知，"通常很少有人读，几乎没人读，或者根本没人读。"[21]加布里埃尔·埃尔比雅克（Gabriel Albiac）非常准确地如是说。但也有些人读他的书，靠他的思想指导生活。弗里德

里希·海因里希·雅各比（Friedrich Heinrich Jacobi）、弗里德里希·冯·哈登伯格·诺瓦利斯（Friedrich von Hardenberg Novalis）和戈特霍尔德·莱辛（Gotthold Lessing）等哲学家向不同的观众和不同的世纪介绍了这位思想家。歌德采纳了斯宾诺莎的思想，成为他的拥护者，斯宾诺莎对他本人以及对他作品的影响是毋庸置疑的。"这个对我产生了奇妙影响并注定深深影响我整个思维方式的人，就是斯宾诺莎。在我环顾世界，徒劳地寻找发展自己本性的方法之后，我遇到了这位哲学家的《伦理学》。我从这部作品中读到了什么，又从其中读到了什么，我无法解释。但我发现它是一种镇静剂，可以抑制我的激情，它似乎揭示了一种对物质世界和道德世界的清晰而广阔的看法。但真正吸引我的是，他每一句话里所流露出的无限的无私精神。那绝妙的观点，'爱上帝的人不要期待上帝也爱他'。" [22]

英国诗人也成为同样勇于发声的斯宾诺莎拥护者。塞缪尔·泰勒·柯勒律治（Samuel Taylor Coleridge）与威廉·华兹华斯都吸收了斯宾诺莎的思想，他们陶醉于自己的本性之中，陶醉于斯宾诺莎所陶醉的本性的神圣之中。帕西·雪莱（Percy Shelley）、阿尔弗雷德·劳德·丁尼生（Alfred Lord Tennyson）和乔治·艾略特（George Eliot）也一样。如果康德没有拒绝读斯宾诺莎的著作，如果大卫·休谟能更有耐心，斯宾诺莎可能会更早地重返哲学领域。最后，乔治·黑格尔（Georg Hegel）宣称，"要成为一个哲学家，你必须首先成为一个斯宾诺莎主义者：如果你不了解斯宾诺莎主义，你就不了解哲学。" [23]

斯宾诺莎对当代科学领域的影响，即他的观点与生物学、认知科学的联系，似乎是完全不存在的。但事实显然并非如此，在 19 世纪，威廉·冯特（Wilhelm Wundt）和赫尔曼·冯·亥姆霍兹（Herman von Helmholtz），这两位心理学和脑科学的创始人，都是斯宾诺莎的狂热追随者。在阅读 1876 年参与建造位于海牙的斯宾诺莎雕像的国际科学家名单时，我发现了冯特、亥姆霍兹以及克劳德·伯纳德的名字 [24]。难道是斯宾诺莎激发了伯纳德对平衡生活状态的关注吗？

1880 年，生理学家约翰尼斯·穆勒（Johannes Müller）指出，"两个世纪前斯宾诺莎取得的科学成果与如今学者们所取得的成果惊人的相似，像德国的冯特和恩斯特·海克尔（Ernst Haeckel）、法国的依波利特·泰纳（Hippolyte Taine）以及英国的阿尔弗雷德·华莱士（Alfred Wallace）和达尔文，他们都是通过生理学来解决心理学的问题。"[25] **我认为斯宾诺莎是现代生物学思想的先驱，穆勒和弗雷德里克·波洛克都很清楚这一点。**几乎在同一时期，他们都说斯宾诺莎"越来越倾向于成为科学界的哲学家"[26]。

这种承认似乎在 20 世纪再次消失。例如，斯宾诺莎似乎对弗洛伊德产生了重要影响。弗洛伊德的体系借鉴了斯宾诺莎在他的努力概念中提出的自我保护机制，并充分利用了自我保护行为是无意识的这一观点。但弗洛伊德从未引用过这位哲学家的话。当被问及这个问题时，弗洛伊德煞费苦心地解释了这个遗漏。弗洛伊德在 1931 年给洛塔尔·比克尔（Lothar Bickel）的信中写道："我毫不犹豫地承认我对斯宾诺莎学说的依赖。如果我从未想过直接引用他的名字，那是因为我的思想原则不是从对这位作者的研究中得出的，而是从他所创造的氛围中得出的。"[27] 1932 年，弗洛伊德一劳永逸地关上了承认斯宾诺莎影响的大门。在另一封写给西格弗里德·赫辛（Siegfried Hessing）的信中，他说道："在我的一生中，我一直非常敬重这位伟人以及他的思想。但我不认为这种态度给了我公开谈论他的权利，理由很充分：没有别人说过的话，我也无话可说。"[28] 为了对弗洛伊德公平起见，我们应该记得斯宾诺莎既不承认凡·登·恩登，也不承认达·科斯塔。也许，如果他被问及这个遗漏，他的答案可能与弗洛伊德相似。

30 年后，法国著名的精神分析学家雅克·拉康（Jacques Lacan）用一种不同的方式来对待斯宾诺莎的影响。1964 年，拉康在巴黎高等师范学院的就职演讲中，以"逐出教会"为题，讲述了国际精神分析协会如何阻止他训练精神分析学家，并将他逐出队伍。他把这一决定比作一场盛大的逐出教会，并提醒听众，这正是斯宾诺莎在 1656 年 7 月 27 日受到的惩罚[29]。

在所有对这位伟人的否认中有一个重要的例外。阿尔伯特·爱因斯坦，20 世纪标志性的科学家，毫不犹豫地承认斯宾诺莎对他有着深远的影响。爱因斯坦非常赞同斯宾诺莎关于宇宙，特别是上帝的观点[30]。

海牙的 1677 年

斯宾诺莎在他 44 岁的时候去世了。他多年来一直患有呼吸系统疾病。他患有慢性咳嗽，这一点有据可查，而且他还经常抽烟。烟斗显然是他对感官享乐的妥协。此外，他可能相信烟草能保护人们免受瘟疫的侵害，在他一生中瘟疫都在肆虐欧洲。斯宾诺莎在几次瘟疫中幸存了下来，而他周围的许多人都因此丧生。也许吸烟对免受瘟疫是有帮助的。在他死前的几个月里，他的病情恶化了，但他从未停止工作和接待来访者。他的离去是出乎意料的。他在 2 月 21 日星期天下午去世了，但在这最后一天的上午，他按照他的习惯，下楼与梵·德·斯派克一家共进午餐。那个周日下午，这一家人都在教堂。斯宾诺莎去世时，他在阿姆斯特丹的医生卢多维克·迈耶（Ludowick Meyer）一直照料着他。

人们通常将斯宾诺莎的死亡归因于肺结核，但没有证据表明他是肺病患者。他的病可能并不是很常见。他可能死于一种职业病，正如玛格丽特·格兰-沃尔（Margaret Gullan-Whur）所说的硅肺病[31]。硅肺病，一种当时还没有被认识到的疾病，是由于吸入玻璃研磨时产生的灰尘而引起的，而这似乎正是斯宾诺莎在成年后的大部分时间中所从事的活动。斯宾诺莎并没能戴上如今的保护性面罩，如果他没有染上肺结核或瘟疫，他的肺部可能会被闪亮的玻璃粉所覆盖，直到不能呼吸为止。

那时，他要去海牙时的信心变得更加坚定，是不可动摇的信念。但是，得到认可和影响的梦想，如果他曾经认真拥有过的话，已经完全消失了。取而代之的是平静和包容。

藏书

回到莱茵斯堡的房子里，我又看了看斯宾诺莎的藏书。有马基雅维利、格劳修斯和托马斯夫妇（即托马斯·摩尔和托马斯·霍布斯——政治艺术与法学艺术的婚姻）等的书。有加尔文的书，几本《圣经》，一本关于卡巴拉的书，还有许多字典和语法书，这是一些基本的家庭参考书。还有关于解剖学的书——杜普医生的书，他因伦勃朗而闻名，也有塞奥多·柯克林（Theodor Kerckring）博士的书。柯克林是斯宾诺莎的同辈、同事和对手。他也是凡·登·恩登学校的学生。他也痴迷于克拉拉·凡·登·恩登，但他和克拉拉一起走向了圣坛。斯宾诺莎保留他的两本书是很好的做法。我可以想象，斯宾诺莎原谅了他们两人，完全忘记了塞奥多送给克拉拉的项链，我们空手而归的年轻王子只能把他悲伤的眼睛投向耀眼的克拉拉。

当代文学的羽翼是稀疏的，西班牙的塞万提斯和贡戈拉在这里，但葡萄牙的国家诗人卡蒙斯却不在。是否有可能斯宾诺莎不希望卡蒙斯的《葡国魂》（*The Lusiad*）出现在附近？也许是书被偷了，也许是他不希望想起葡萄牙，或者是他对现代诗歌不敏感。虽然斯宾诺莎承认音乐、戏剧、艺术，甚至体育都有助于个人的幸福，但他并没有过多地提到诗歌、音乐和绘画。莎士比亚和克里斯托弗·马洛（Christopher Marlowe）的书也没有，但斯宾诺莎没有学习过英文，也许他们的著作没有被翻译过。在这个书柜里，与数学、物理学和天文学相比，哲学就相形见绌了，只有笛卡尔的作品才算真正的哲学代表。

根据一个人藏书的数量和内容来判断他的阅读习惯有点冒险，但不知何故，根据这个书架来判断似乎是对的。也许这些就是他晚年需要的全部书籍了。这间藏书室是斯宾诺莎残留影响的一部分。这让极简主义听起来有些不寻常。然后我又看了一遍访客录，找到了爱因斯坦的名字，试着想象他在1920 年 11 月 2 日参观这个房间时的场景。

我脑海中的斯宾诺莎

在我的想象中与斯宾诺莎会面是我写这本书的原因之一，但这一会面是很久以后的事了。每当我想到斯宾诺莎生活和行动时的样子，我的头脑就会一片空白。这并不奇怪。一方面，对他生活的描述就像他经常搬家的家庭住址一样常常变化，同时代的传记也不像我们所希望的那样细节丰富。另一方面，斯宾诺莎的风格是与世隔绝的。《伦理学》和《神学政治论》中的一些段落可能非常幽默。当然，这是个线索。斯宾诺莎对人类同胞从来都是尊重的，即使对那些他蔑视其思想的人也是如此。毫无疑问，这是另一条线索。然而，这些线索不足以展示一个人的全貌。文字背后的人是与读者隔绝的，要么是因为他所用拉丁语的局限性，要么是因为斯宾诺莎有意要隐藏他文本中的个人情感和修辞。斯图尔特·汉普夏尔（Stuart Hampshire）倾向于后者，我相信他是正确的 [32]。然而，渐渐地，从静静酝酿的细节和思考中，一幅鲜活的画像开始浮现在我的脑海中。现在，我很容易看到不同地方、不同情境、不同年龄下的斯宾诺莎。

在我的故事中，他一开始就像一个不可能存在的孩子，有着好奇的、固执己见的、超越其年龄的头脑。作为一个青少年，他也有着令人难以忍受的机智和傲慢。他在 20 岁左右处于最糟糕的境地，那时他既是一个严肃的商人，也是一个有抱负的哲学家；他有着伊比利亚（Iberian）贵族的风度，但同时也在忙着使自己的荷兰身份得到认可。这段冲突在他 25 岁左右结束。

突然间，他不再是犹太人或商人；他既没有家庭，也没有家；但他没有被打败。他以敏锐的才智和热情主导着一些小型集会。圣人斯宾诺莎的传说就此诞生。他还找到了新的职业：制造镜片，这成为他的生计，并加深了他对光学的研究；还有绘画，一种他似乎很擅长的安静消遣，但没有相关记载。

到了斯宾诺莎 30 岁时，另一种转变正在进行。他开始谨慎行事。他抑制自己的智慧。他对周围的人比以前更仁慈了，对傻瓜也更有耐心了。成熟的斯宾诺莎信仰坚定，但并不那么自以为是，甚至在他对别人更宽容的时候，他也会退缩，寻求更安静的环境。我想象中的斯宾诺莎平静地与他周围的人交谈。他受到许多人的尊敬。

我喜欢我最后遇见的斯宾诺莎吗？答案不是那么简单。我当然钦佩他。我有时非常喜欢他。我希望我能像了解他的行为方式一样，清楚地了解他的思维方式。他身上的某些东西永远不会屈服于审查，他身上的陌生感也永远不会减弱。尽管如此，我还是很清楚他在阐述自己的观点时、他在接纳不可避免的后果时所表现出的勇气，这令我惊叹不已。用他自己的话说，他成功了。[33]

LOOKING FOR SPINOZA

Joy, Sorrow, and the Feeling Brain

SPINOZA

第 7 章　　谁在那儿

知道情绪和感受是如何起作用的，对我们如何生活有影响吗？在这里，我想知道它是否与个人生活管理的核心圈子同样相关。

满足的生活

在我清晰地了解斯宾诺莎之前，我一直在问自己一个很纠结的问题：斯宾诺莎对在福尔堡和海牙的日子感到满足吗？或者，他是在冒充圣徒吗？他是在小心翼翼地构建一个仁慈和世俗否定的形象，使他的言论更有权威性，并使他的批评者的任务更具有挑战性吗？我想象中的斯宾诺莎很容易回答这个问题。斯宾诺莎是满足的。他的节俭不是一种策略。他并不是为子孙后代做出牺牲的榜样。他的生活和他的哲学可能是在 33 岁时就融合在一起并趋于成熟了。

假设斯宾诺莎是满足的，并且考虑到他的生活缺乏我们通常与幸福联系在一起的那些装饰（他的健康状况不佳，没有财富，缺乏亲密的人际关系），会阻止亚里士多德称他的生活是成功的，因此，问一下斯宾诺莎是如何实现其满足的是明智的。他的秘密是什么？我被感动不仅仅是因为好奇，而是因为有机会提出另一个问题。我们在本书中讨论的情绪、感受和身心生物学知识与实现满足的生活有多大关系？毫无疑问，无论是对个人还是对社会而言，情绪和感受本身就是我们的一部分。问题是：知道情绪和感受是如何起作用的，对我们如何生活有影响吗？我在前面提到过，这种知识对社会生活的管理有影响，但在这里，我想知道它是否与个人生活管理的核心圈子同样相关。

当我们注意到在现代生物学影响下出现的人性概念与斯宾诺莎自己的概念有某种程度的重叠时，把这个问题与斯宾诺莎联系起来就特别有意义了。我们绝对应该考虑斯宾诺莎的知足之道。

斯宾诺莎关于实现美好生活的最著名建议是以道德行为体系和民主国家处方的形式出现的。但是斯宾诺莎并不认为遵循道德准则和民主国家的法律就足以使个人达到最高形式的满足，即他将持续的快乐等同于人类的救赎。我的印象是，今天的大多数人可能也不会这么想。许多人似乎在生活中要求更多的东西，超越道德和守法行为；超越爱、家庭、友谊和健康的满足；超越做好任何选择的工作所得到的奖励（个人满足感、他人的认可、荣誉、酬劳）；超越对个人享乐和财产积累的追求；超越对国家和人性的认同。**很多人都需要一些东西，至少需要对自己生命的意义有一些清晰的认识。**无论我们是清晰地还是混淆不清地表达这一需求，都意味着我们渴望知道自己从哪里来，我们要去哪里，也许对后者的渴望更甚。生命还有什么比我们眼前的存在更重要的目的呢？伴随着这种渴望，会有一种强烈的或柔和的回应，或者是某种目的的收集或渴求。

并非每一个人都有这样的需求。人的需要和欲望在相当大的程度上因其个性、好奇心、社会文化环境甚至年龄而不同。年轻人往往没有多少时间去考虑人类处境的缺点。好运是另一个有效的屏障。除了年轻、健康和好运之外，任何额外的需求都会让许多人感到烦恼。为什么烦躁不安呢？然而，对于那些认识到这些需求的人来说，询问他们为什么要渴求一些可能不会自然出现或根本不会出现的东西是合理的，为什么需要额外且必须清晰的知识？

有人可能会这样回答：渴求是人类心智的一种深层特征。它根源于人类的脑设计和产生它的基因库，所以没有什么比深层特征更能驱使我们带着很大的好奇心系统化探索我们自己和周围的世界，同样是这些深层特征也推动我们构建对世界的对象和情境的了解。这种渴求的进化起源是完全可信的，但这一解释确实需要另一个因素，这样才可以理解为什么人类的组成会包含这些特征。我相信在早期人类中有这样一个因素在起作用，就像它现在仍然在起作用一样。它的一致性与背后强大的生物机制有关：斯宾诺莎将自我保全的自然努力如此清晰地表达为我们生命的本质，即自然倾向，当我们面对痛苦的现实，尤其是面对死亡的现实或预期、我们自己的或我们所爱的人的死亡的现实时，我们就会采取行动。痛苦和死亡的可能性破坏了观察者的内稳态过程。对自我保护和幸福的自然努力是为了防止无法避免的事发生，以及恢复内部平衡的斗争引起的崩溃。这种斗争激发了我们去寻找补偿策略来恢复现在已经出错的内稳态平衡；而且，意识到整个困境是重度悲伤的原因。

再说一次，不是每个人都会因为这样或那样的原因，在这样或那样的时刻做出这样的反应。但是，对于许多以我所描述的方式做出反应的人来说，无论他们如何有效地设法打破僵局并从黑暗中走出来，这种情况都有一个悲剧性的方面，这是人类独有的。这种情况是如何发生的？

据我所知，首先，这种情况是感受（不仅仅是情绪，还有感受），特别是共情的感受的结果，即我们充分认识到我们对他人自然的、情绪化的同情；在适当的情况下，同理心会打开悲伤之门。其次，这种情况是由于我们拥有两种生物天赋，即意识和记忆的结果，我们与其他物种共享这两种天赋，但这两种天赋在人类身上达到了最大的规模和最复杂的程度。从严格意义上来说，意识意味着心智和自我的存在，但从人类的实际意义上来说，这个词实际上意味着更多。在自传体记忆的帮助下，意识通过记录我们自己的个人经历来丰富我们的自我。当我们有意识地面对生命的每一个新的瞬间时，我们将过去与喜怒哀乐有关的情境，以及预期未来的想象情境施加在那一刻，这些情境可能会带来更多的喜怒哀乐。

如果没有这种高水平的人类意识，在现在或人类早期，就不会有什么值得称道的痛苦。我们不知道的东西不会伤害我们。如果我们有意识天赋，但却在很大程度上被剥夺了记忆，就不会有显著的痛苦。我们现在知道的，但不能放在我们个人的历史背景下的事情，只能伤害我们现在。无论过去还是现在，正是意识和记忆这两种天赋的结合，以及它们的丰富性，导致了人类的戏剧，并赋予了这个戏剧一个悲剧性的状态。情绪和感受的神经生物学以暗示的方式告诉我们，快乐及其变体比悲伤和相关的影响更可取，更有利于我们的健康和创造性的繁荣。我们应该通过理性的法令来寻找快乐，不管这种追求看起来多么愚蠢和不切实际。**如果我们没有在压迫和饥荒中生存，却不能说服自己活着是多么幸运，也许是我们还不够努力。**

面对死亡和痛苦可以强力破坏内稳态状态。早期人类可能在获得了社会情绪和同情的感受、快乐和悲伤的情绪与感受、带有自传体自我的扩展意识，以及可能会潜在地改变情绪状态并重新恢复内稳态平衡的想象实体和行动的能力后，他们第一次体验到了这种破坏。（如我们所见，前两个条件，情绪和感受，社会的和非社会的，已经在非人类物种中萌芽；后两者——扩展意识和想象力——大多是人类的新天赋。）对内稳态矫正的渴望应该是对痛苦的一种反应。那些脑能够想象出这种矫正并有效恢复内稳态平衡的个体，将会获得更长的寿命和更多的后代。他们的基因组模式会有更好的传播机会，伴随着它，这种反应的倾向也会得到传播。这种渴求及其有益的后果会一代又一代地重现。这就是为什么人类一个有意义的部分，既包含能产生悲伤的条件，又能在其生物性构成中寻求补偿性的安慰。

因此，对人类救赎的尝试涉及对预知的死亡的适应，或对身体痛苦和精神痛苦的适应。（当然，有一段时间，在永生的概念被发明之后，这样的尝试也是为了防止人下地狱。）这样的尝试由来已久。聪明的个体被鼓励去创造有趣的故事，直接回应悲剧的场面，并通过遵循宗教的感知和实践来应对由此产生的痛苦。（这并不是说对死亡和痛苦的对抗是宗教叙事发展背后的唯一因素。伦理行为的执行是另一个重要的因素，对于那些成功执行道德规范的群体来说，道德行为的执行可能同样有助于个体的生存。）一些有名的宗教故事承诺死后奖励，一些承诺给生者安慰，但补偿的目标是相同的。在某种程度上，斯宾诺莎是这种历史反应的一部分。他在一个宗教群体中长大，拒绝了这个群体提出的拯救人类的方案，他不得不另寻出路。《神学政治论》和《伦理学》都是在对"是什么"进行了精练的分析之后，关于"应该是什么"以及如何实现"应该是什么"的著作。然而，在相当大的程度上，斯宾诺莎的解决方案也是对历史的突破。

斯宾诺莎的解决方案

斯宾诺莎的体系中确实有一个上帝，但不是一个以人类形象构思的有远见的上帝。上帝是一切存在于我们感官面前的事物的起源，上帝是一切存在的事物，一种无源的、具有无限属性的永恒的实体。从实际意义上说，上帝就是自然，这在生物身上表现得最为明显。斯宾诺莎主义经常引用的一个表达是"Deus Sive Natura"，即"上帝"或"自然"。[1]上帝并没有以《圣经》中描述的方式向人类揭示他自己。你不能向斯宾诺莎的上帝祈祷。你不必惧怕这位上帝，因为他永远不会惩罚你。你也不应该为了从他那里得到报酬而努力工作，因为他不会给你报酬的。你唯一害怕的是你自己的行为。**当你无法善待他人时，你就会时时惩罚自己，剥夺自己获得内心平静和幸福的机会。当你爱别人的时候，你就有机会获得内心的平静和幸福。**因此，一个人的行为不应以取悦上帝为目的，而应以符合上帝的本性为目的。当你这样做的时候，某种幸福的结果和某种救赎就实现了。[2]

斯宾诺莎驳斥了死后奖惩是道德行为的适当诱因的观点。在一封信中，他对行为如此受引导的人表示惋惜："他是那种不惧地狱而追随自己私欲的人。他远离邪恶的行为，像一个违背自己意志的奴隶一样履行上帝的命令，因为他的被奴役，他期望上帝奖赏给他更符合他口味的礼物而不是神的爱，这与他最初对美德的厌恶成正比。"[3]

斯宾诺莎为两条不同的救赎之路留出了空间：一条对所有人都适用，另一条更加艰难，只对那些自律且受过教育的知识分子适用。第一条救赎之路需要在一个讲道德的文明中过一种有道德的生活，服从一个民主国家的规则，在圣经智慧的帮助下，或多或少地间接地留心上帝的本性。第二条救赎之路需要第一条道路所需要的一切，此外，斯宾诺莎最珍视的是对理解的直觉，它基于丰富的知识和持续的反思。（斯宾诺莎认为直觉是获得知识的最复杂的手段——直觉是斯宾诺莎的第三种知识。但直觉只有在我们积累知识并运用理性去分析之后才会产生。）可以预见的是，斯宾诺莎对达到预期结果所需要的努力毫不在意："如果救赎唾手可得且触手可及，怎么可能会被几乎所有人忽视呢？所有优秀的东西都是难得而难求的（《伦理学》第五部分，命题 42 的注释）。"

对于第一条救赎之路，斯宾诺莎拒绝将《圣经》叙述作为上帝的启示，但认可摩西和基督历史人物所体现的智慧。斯宾诺莎认为《圣经》是关于人类行为和文明组织的有价值的知识的宝库。[4]

第二条救赎之路假定第一条中的要求得到适当满足——在一个社会政治体系的帮助下过上有道德的生活，这个社会政治体系的法律帮助个人对他人做到公平和仁慈，但它还有更多要求。斯宾诺莎要求人们在必要时接受自然事件，以符合科学理解。例如，死亡和随之而来的失去是无法避免的，我们应该默许。斯宾诺莎的解决方案还要求个体尝试中断能够触发消极情绪（如恐惧、愤怒、嫉妒、悲伤等情绪）的刺激和产生情绪的机制之间的联系。相反，个体应该用有情感能力的刺激来激发积极、有益的情绪。为了实现这一目标，斯宾诺莎建议在脑海中演练消极情绪刺激，以此来建立对消极情绪的容忍度，并逐渐掌握产生积极情绪的诀窍。实际上，斯宾诺莎作为心理免疫学家正在开发一种能够产生抗热情抗体的疫苗。整个过程中有一种禁欲主义的色彩，尽管必须指出斯宾诺莎批评了禁欲主义者，因为他们认为应该完全控制情绪。（出于同样的原因，他也批评笛卡尔。）在我看来，斯宾诺莎够坚强了，但似乎还不够禁欲。

斯宾诺莎的解决方案取决于心灵对情绪过程的控制，而这反过来又取决于对消极情绪成因的发现，以及对情绪机制的了解。个体必须意识到适合的情绪刺激和情绪触发机制之间的根本区别，这样他才能用理性的有情绪能力的刺激来产生最积极的感受状态。（在某种程度上，弗洛伊德的精神分析项目也有这些目标。）今天，对情绪机制的新理解使斯宾诺莎的目标更容易实现。最后，斯宾诺莎的解决方案要求个人在知识和理性的指导下，从永恒的角度即上帝或自然的角度，而不是从个人不朽的角度来反思生命。

这一努力的结果是复杂的，很难梳理。自由是其中的一种结果，它不是通常在讨论时所考虑的那种自由意志，而是一种更根本的东西：减少了对奴役我们的客体－情绪需求的依赖。另一个结果是，我们凭直觉了解了人类状况的本质。这种直觉与一种宁静的感受混合在一起，这种感受的成分包括愉快、快乐、喜悦，但鉴于这种透明的感受，"幸福"和"祝福"似乎是最合适的（《伦理学》第五部分，命题32和36，以及它们的注释）。这种"理智的"感受是对上帝的理智的爱的同义词。[5]

歌德注意到，这个过程提供了爱却不要求爱的回报，他想知道有什么能比这种态度更慷慨和更无私，但是他并不太确定。个人确实以最理想的人类自由的形式获得了某些东西。斯宾诺莎相信，一个实体只有在它仅凭自己的本性而生活，仅凭它自己的决定而行动时，它才是自由的。在斯宾诺莎的著作中，个人也获得了最理想的快乐，这种快乐可能被认为是一种完全从身体中解放出来的纯粹的感受。

在评价斯宾诺莎的解决方案时，并不是每个人都像歌德那样友好，有些人认为它是一个无望的混乱[6]。但无论是努力的诚意，还是为其提供动力的痛苦和挣扎，都不应受到质疑。我在第一章提到的马拉默德这个人，至少抓住了《伦理学》中这些段落的精髓："……他想成为一个自由的人。"斯宾诺莎以一种现代的方式把理性和情感结合在一起，这是毫无疑问的。斯宾诺莎达到直觉的自由和幸福的策略需要事实的知识和理性。同样令人好奇的是，有人认为证实是心灵的眼睛，斯宾诺莎花了一生的大部分时间来创造尽可能最好的透镜和工具，帮助心灵看到如此多的新事实。斯宾诺莎把发现自然和知识作为一个有思想的人的饮食的一部分。想到他如此熟练地打磨着镜片和显微镜，把它们作为能看得更清楚的工具，在某种程度上，它们是拯救的工具，这是非常令人着迷的。这是多么适合那个时代：斯宾诺莎的时代是无数光学和机械设备被开发出来的时代，它们既允许科学发现，又使发现过程成为快乐的源泉[7]。

解决方案的有效性

斯宾诺莎的解决方案在今天有多正确？它看起来有多有效？不管是现在还是在斯宾诺莎的时代，评判似乎都是好坏参半。

对一些人来说，斯宾诺莎的解决方案是一种更好的手段，让生活变得有意义，让人类社会变得可以忍受。斯宾诺莎的解决方案的目的是使我们恢复人类在获得扩展意识和自传体记忆后所失去的相对独立。他的途径是运用理性和感受。理性让我们看清方向，而感受是我们去看的决心的执行者。我发现斯宾诺莎的解决之道吸引人之处在于，他承认快乐的好处，拒绝悲伤和恐惧，并决心追求前者，抹杀后者。**斯宾诺莎肯定生命，并将情绪和感受转化为滋养生命的手段，这是智慧和科学远见的完美结合。在通往人生地平线的道路上，每个人都应该以这样一种方式生活，即能够经常达到完美的快乐，从而使生活有价值。**由于这一过程是建立在自然基础上的，斯宾诺莎的解决方案直接地与过去四百年来科学所构建的宇宙观点相一致。

在其他方面，斯宾诺莎的解决方案是有问题的。斯宾诺莎的解决方案暗示了孤立和以自我为中心，远离人类亲密关系，我对此感到不安。我发现他的苦行主义在今天相当不切实际。斯宾诺莎并没有像希腊和罗马的斯多葛主义者那样剥夺生活的一切，但他已经非常接近了。我们已经太堕落了，不仅因为我们咬着知识的苹果，而且因为我们吞下了它的全部，把我们自己从遍布高科技生活的事物、事实和习惯的包袱中剥离出来是不现实的。再说，我们为什么要这样做呢？为什么亚里士多德的智慧不能在这里盛行？亚里士多德坚持认为，满足的生活是一种有美德和幸福的生活，但健康、财富、爱情和友谊是满足的一部分。我也对斯宾诺莎解决方案的外在被动性不太热心，不管他的幸福是如何内在地活跃。其他人则担心斯宾诺莎的解决方案在到达生命的地平线时只会带来死亡。生物体和社会经常造访人类的所有痛苦和不公平并没有得到释放，更不用说对一路上所招致的损失进行补偿了。斯宾诺莎的上帝是一种观念，而不是基督教叙事中所创造的血肉。正如诺瓦里斯所说，斯宾诺莎可能已经和上帝喝得酩酊大醉，但他的上帝相当干瘪。

具备了实现完美快乐需要的所有勇气、毅力、牺牲和纪律后，所有人得到的也只是完美的瞬间。这是什么秘密的短暂体验？神圣的吗？这种安慰是短暂的，人们只能等待下一个这样的瞬间，下一个这样的短暂体验。这取决于你是谁，要么很丰富，要么远远不够。但事实是，它既不令人满意，也不舒服，更不用说方便了，也并不会使它变得更现实。

如果你问斯宾诺莎的观点，哈姆雷特令人不安的预言问题"谁在那里？"，意思是谁在那里让我们坚持努力实现我们自我保护的使命，答案是明确的。没有一个人！孤独是残酷的现实，基督被钉在十字架上，斯宾诺莎躺在他临终的床上。然而，斯宾诺莎想出了一种逃避现实的方法，一种高贵的幻想，让我们面对音乐和舞蹈。

在这本书的开头，我形容斯宾诺莎既聪明又令人恼火。我认为他聪明的原因是显而易见的。但我觉得他令人恼火的一个原因是，他在面对着一场大多数人还没有解决的冲突时表现出的平静的肯定：痛苦和死亡是自然的生物现象，我们应该平静地接受这一观点，几乎没有受过教育的人看不到这样做的智慧，而人类的脑也同样自然地倾向于与这种智慧发生冲突，并对此感到不满。伤口还在，但我希望它不在。你看，我更喜欢幸福的结局。

斯宾诺莎主义

尽管斯宾诺莎的世俗信仰在他自己的时代是不可容忍的，但在 20 世纪，他的世俗信仰被重新发现或重新发明。例如，爱因斯坦以类似的方式思考上帝和宗教。他将"那天真之人"的神描述为"一个人希望从他的照料中得益，害怕他的惩罚；这是一种感受的升华，就像一个孩子对他的父亲一样，一个人在某种程度上与他有一种个人关系，尽管这种关系可能带有深深的敬畏。"[8]

爱因斯坦在描述自己"更深刻的科学头脑"的宗教感受时写道，这种感受"……表现为对自然规律的和谐的狂喜，它揭示了一种如此优越的智慧，与之相比，人类所有系统的思考和行动都是完全无关紧要的反映"[9]。爱因斯坦用美妙的语言描述了这种感受："……这是对这世界的美丽和伟大的一种陶醉的喜悦和惊愕，人类对这个世界只能形成一种模糊的概念。这种快乐是真正的科学研究获得精神食粮的感受，但它似乎也能在鸟儿的歌声中找到表达。"相信这种被爱因斯坦称为"宇宙"的感受，与斯宾诺莎的"上帝的理智的爱"是相关的，尽管两者是可以区分的。爱因斯坦对宇宙的感受是丰富的，是一种惊心动魄的敬畏和心跳加速的准备：身体与世界的交流。斯宾诺莎的爱则更加克制。这种交流是内在的。爱因斯坦似乎融合了这两者。他相信宇宙的感受是所有时代宗教天才的标志，但它从来没有形成任何教会的基础。"因此，正是在各个时代的异教徒中，我们发现有一些人充满了最高的宗教感受，在多数情况下，他们被同时代人视为无神论者，有时也被视为圣人。从这个角度来看，像德谟克利特、阿西西的方济各、斯宾诺莎这样的人是非常相似的。[10]"

威廉·詹姆斯在这些问题上的思考也显示出他与斯宾诺莎的亲缘关系。考虑到时间、地点和历史背景如同深渊一样将两人分开，这可能会令人惊讶。可以预见的是，詹姆斯和斯宾诺莎的关系并不是完全被接受的。我们从R. W. B. 刘易斯的传记中得知，詹姆斯第一次阅读斯宾诺莎是在1888年，当时他在哈佛大学教授一门关于宗教哲学的新课程。这一课程最终为詹姆斯的《宗教经验种种》奠定了基础[11]。他不赞同斯宾诺莎的挑衅主张，即"我会分析人的行为和欲望，就好像它是一个关于线、平面和实体的问题。"这种"冷血同化"并不讨这位可爱的剑桥天才的喜欢[12]。他还拒绝接受他所称的斯宾诺莎对生活的阳光般的热情和"健康的思想"[13]。他的理由令人着迷。詹姆斯把人分为两种：一种是灵魂快乐的人，另一种是灵魂病态的人。快乐的人有一种自然的方式，看不到死亡的悲剧，看不到大自然最可怕的掠夺，看不到人类心灵深处的黑暗。让詹姆斯恼火的是，斯宾诺莎看起来是个快乐的人，是那些生来就"天生不能忍受长期痛苦"和"有乐观看待事物的倾向"的人之一。对于这个世界的斯宾诺莎，詹姆斯说，"邪恶是一种疾病；而对疾病的担忧本身就是一种附加形式的疾病，它只会增加原有的抱怨"[14]。他们天生就很乐观。

此外，詹姆斯是一个"病态的灵魂"。病态的灵魂无法思考自然并欣赏这种景象，至少不是一直如此，因为这种景象通常是可怕的和不公正的。一个人并不需要是一个抑郁的人，来把这个世界看作一个病态的灵魂，尽管詹姆斯确实有情绪障碍，在写《宗教经验种种》时他正处于严重抑郁的复发期。然而，奇怪的是，詹姆斯认为这种病是"好的"。虽然病态的悲观是可以避免的，但在某种程度上，它应该存在，使人类不被阳光的灵魂系统的干预所误导，从而可以直面现实。悲观一点是好的。

从认知和情感的角度对人类救赎问题的诠释，显示了詹姆斯最睿智的思考。然而，应该说的是，他极大地夸大了斯宾诺莎的虚荣心。我不相信斯宾诺莎在看到大自然的黑暗方面有任何困难，因为他自己也经历过黑暗的影响。恰恰相反。但他拒绝接受黑暗，拒绝让黑暗作为一种不良的激情支配个人。他视黑暗为存在的一部分，并指出了将其最小化的方法。斯宾诺莎是坚韧的、勇敢的，而不是天生的乐观。他努力使自己高兴起来，努力通过发现自然的快乐感受来消除自然带来的恐惧和悲伤的感受。那种发现包括了自然近乎变态的残酷和冷漠。

然而，一旦詹姆斯的反对被克服，在他的救赎之路上有很多类似斯宾诺莎的东西。在这两种情况下，他们对上帝的体验都是私人的。两者都拒绝通过公共仪式和集会，以获得神圣的体验。事实上，詹姆斯对有组织宗教彻底摒弃的论点是斯宾诺莎式的。詹姆斯和斯宾诺莎都将神圣的体验描述为一种纯粹且令人愉快的感受，是生活的圆满、意义和热情的源泉。最后，两者之间的重要区别在于，健康的、被救赎的感受得以分离和衡量的基线。在斯宾诺莎身上，神圣的感觉凌驾于理性冷静的世界基线之上，在詹姆斯身上，神圣的感觉是从沮丧的基线开始的，它常常把他从对自然的消极评价带来的消沉中拉上来。除此之外，詹姆斯和斯宾诺莎都发现了内在的上帝，詹姆斯利用 19 世纪晚期他自己帮助构建的心理学的萌芽知识，不仅在我们体内，还在我们的潜意识中找到了上帝的源头。他把宗教体验说成是"更多"的东西，但告诉我们，我们可以"更远"地投射自己的"更多"实际上在身体内部。

斯宾诺莎和詹姆斯都在向我们指出精神的自然生命形式中一个富有成效的适应。从能恢复因痛苦而失去的内稳态平衡的意义来说，他们的上帝是治疗性的。但谁也不指望上帝会听他的话。两人都认为，恢复平衡是一项个体化的、内在的任务，只有当复杂的思考和推理激起适当的情绪和感受时，才能实现。两者都将这一过程合理化，承认人类只是广大神秘宇宙中主观个体的偶然事件。他们都无法解读宇宙中最深奥的规律和原因。

幸福的结局

在这样一个宇宙中，即使是乐观、阳光的灵魂都可以轻易地看到各种各样的人类苦难，从不可避免到可预防，我们如何才能走向幸福的结局呢？很多人已经找到了答案，要么是对宗教信仰的深切感受，要么是对任何形式的悲伤的保护性隔离。当然，最诚实的答案是，我不知道，而且为其他人的幸福结局开药方也太狂妄了。但我可以谈谈我的看法。

我所希望的通往幸福结局的一条道路，是将斯宾诺莎思想的一些特征与针对我们周围世界的更积极的立场相结合。这条道路包括一种精神生活，它希望不是别的，而是一种不稳定的快乐，它来自某物的未来或过去的表象，在某种程度上我们对它的结果表示怀疑。

斯宾诺莎说
LOOKING
FOR
SPINOZA

Joy, Sorrow,
and the Feeling Brain

以热情寻求理解，并以某种纪律作为快乐的来源，在这种生活中，理解来自科学知识、美学经验或兼而有之。这种生活的实践也采取了一种好斗的态度，基于这样一种信念，即人类的部分悲剧状况可以减轻，并且我们有责任为人类的困境做些什么。科学进步的一个好处是可以为减轻痛苦制定明智的行动计划。科学可以与人文主义传统的精华结合起来，为人类事务开辟一条新的途径，使人类繁荣昌盛。

为了澄清这一观点，让我先解释一下我所说的精神生活是什么意思。我的一个朋友，他对生物的发展有着浓厚的兴趣，同时也是一个精神生活的狂热探索者，他经常问我精神是否可以用神经生物学的术语来定义和定位。"什么是精神？""它在哪里？"我该如何回答呢？我必须承认，我不赞成将宗教体验神经科学化的尝试，尤其是通过脑部扫描找到上帝在脑中的定位或证明上帝和宗教的相关性的尝试。[15] 然而，精神体验、宗教或其他，都是心理过程。它们是复杂程度最高的生物过程。它们在特定的环境下发生在特定生物体的脑中，如果我们意识到这种练习的局限性，我们没有理由回避用神经生物学术语来描述这些过程。下面是关于我朋友问题的答案。

第一，我把精神的概念同化为一种强烈的和谐体验，一种有机体以最大可能完美运转的感觉。这种体验是与以善良和慷慨的态度对待他人的愿望相关联的。因此，拥有一种精神体验就是持有一种由某种不同的快乐所主导的持续感受，无论这种快乐是多么平静。我所称的精神感受的中心位于体验的交叉点：纯粹的美感是其中之一。另一种是对在"平和的气氛"和"充满爱的情感"下进行的行为的预期（引文是詹姆斯的，但概念是斯宾诺莎式的）。这些体验可以在短时间内产生回响并自我维持。以这种方式来构想，精神就是良好平衡、良好调和和善意生活背后组织方案的一个指示。有人可能会冒险说，也许精神是在某种完美状态下生活背后持续冲动的部分揭示。如果感受，就像我之前在书中提到的，证明了生命过程的状态，那么精神上的感受就会在这个见证之下更深地挖掘到生活的实质。它们构成了对生命过程的直觉基础。[16]

第二，精神体验是对人的滋养。我相信斯宾诺莎的观点是完全正确的，快乐和它的变体会导致更大的功能完善。当前关于快乐的科学知识支持这样的观点：应该积极地追求快乐，因为它确实有助于繁荣；同样，应该避免悲伤和相关影响，因为它们是不健康的。这需要遵循一定范围的社会规范，第4章提出的新近证据表明，人类的合作行为涉及脑中支持这种智慧的愉快／奖励系统。违反社会规范会导致内疚、羞愧或悲伤，这些都是不健康的悲伤的变体。

第三，我们有能力唤起精神体验。在宗教叙事的背景下，祈祷和仪式是为了产生精神体验，但也有其他精神体验来源。人们常说，我们这个时代的世俗性和粗鄙的商业主义使精神上的追求更加难以实现，仿佛诱导精神上的东西的手段正在消失或变得稀少。我认为这并不完全正确。我们生活在能够唤起精神体验的刺激环境中，尽管它们的显著性和有效性因我们环境的混乱和缺乏系统的框架而降低，但它们的行动在这个框架内是有效的。对自然的沉思、对科学发现的反思，以及对伟大艺术的体验，在适当的环境下，都可以成为精神体验背后有效的情绪刺激。想想听巴赫、莫扎特、舒伯特或马勒的音乐是如何轻而易举地让我们达到这一境界的。这是一个产生积极情绪的机会，并且是斯宾诺莎所建议的方式，否则消极情绪就会出现。然而，很明显，我所指的那种精神体验并不等同于宗教。它们缺乏框架，因此它们也缺乏吸引如此多的人加入有组织宗教的那种气势和宏伟。仪式和共享集会确实创造了一系列不同于私人的精神体验。

现在让我们转到微妙的问题，即在人的机体中"定位"精神。我不相信在古老的颅相学传统中有精神性的脑中心。但是我们可以从神经生物学的角度解释到达精神状态的过程是如何进行的。因为精神是一种特殊的感受状态，从神经科学的角度来说，我认为它依赖于第 3 章中所概述的结构和操作，特别是依赖于大脑体感区域的网络。精神是有机体的一种特殊状态，是某种身体结构和某种心理结构的微妙结合。维持这种状态依赖于对自我状况和他人状况、过去和未来、我们的本质的具体和抽象概念的大量思考。

通过将精神体验与感受的神经生物学联系起来，我的目的不是将崇高降低为机制，从而降低它的尊严。我的目的是表明精神的崇高体现在生物学的崇高中，我们可以开始从生物学的角度来理解这一过程。至于过程的结果，没有必要也没有价值去解释它们：能体验到精神就足够了。解释精神背后的生理过程，并不能解释生命过程的奥秘，而生命过程与那种特殊的感受有关。它揭示了与神秘的联系，但不是神秘本身。斯宾诺莎和那些思想中带有斯宾诺莎元素的思想家们使感受成为一种循环：感受产生于生命过程，感受又是生命的来源，也是生命指向的目的。

我说过，精神的生命需要好战姿态的补充。这是什么意思？从客观的角度来看，自然既不残酷也不仁慈，但我们的实际看法可以合情合理地主观化和个人化。从这个角度来看，现代生物学正在揭示，自然甚至比我们以前认为的更加残酷和冷漠。虽然人类都是大自然随意、无预谋的邪恶的受害者，但我们没有义务毫无反应地接受它。我们可以设法找到对付这种表面上的残忍和冷漠的方法。大自然没有一个让人类繁荣的计划，但是大自然中的人类可以制订这样一个计划。一个好战的姿态也许比斯宾诺莎幸福的高贵幻觉更重要，似乎持有这样的承诺：只要我们关心的是他人的幸福，我们就永远不会感到孤独。

这也是我可以回答本章开头提出的问题的地方：了解情绪、感受及其工作方式，对我们如何生活至关重要。在个人层面上，这是肯定的。在接下来的 20 年里（或许更短），情绪和感受的神经生物学将使生物医学开发出有效的治疗疼痛和抑郁的方法，其基础是全面了解基因在脑特定区域的表达方式，以及这些区域如何合作使我们产生情绪和感受。新的治疗方法将致力于矫正一个正常过程中的特定损伤，而不是仅仅以一般的方式对付症状。结合心理干预，这种新型疗法将彻底改变心理健康。到那时，今天可用的治疗方法就会像现在不使用麻醉的手术一样粗糙和过时。

在社会层面上，新知识也是有价值的。先前讨论的内稳态与社会和个人生活管理之间的关系应该在这里得到应用。在数百万年的生物进化过程中，人类可以使用的一些调节装置已经得到了完善，欲望和情绪即是如此。另一些则只有几千年的历史，如司法和社会政治组织的法制化体系。其中一些是永远不会变的，完全地设定在基因组中，虽然不是一成不变的，但已经是生物学所能做到的最稳固的了。有些是正在进行的工作，一套旨在改善人类事务的试验性程序，但离实现所有人的和谐生活平衡所必需的稳定还很远。这是我们干预和改善人类命运的机会。

我并不是说，我们试图以脑维持生活基本机能的同样效率来管理社会事务。这是不可能做到的。我们的目标应该更加现实。此外，这种过去和现在的尝试一再失败，使我们有理由倾向于玩世不恭。事实上，在任何管理人类事务的共同努力前退缩不前和宣布未来的结束，是一种可以理解的诱惑。但是，没有什么比重新进行孤立的自我保护更能让我们注定失败。虽然这听起来很天真和乌托邦，尤其是在看了早报或晚间新闻之后，除了相信我们可以做出改变之外，别无他法。持这种观点是有理由的。例如，如果对人类心智有了新的科学理解，包括从情绪和感受科学中产生的关于生活规律的知识，那么对药物成瘾和暴力等特定问题的管理将有更大的成功机会。这同样可能适用于一系列广泛的社会政策。毫无疑问，过去社会工程实验的失败，在某种程度上是由于计划的愚蠢或执行的腐败。失败也可能是由于人类头脑中的错误观念，这种错误观念导致了这些尝试。在其他负面结果中，错误的观念导致了对人类牺牲的需求，而大多数人发现这是很难或不可能达到的；导致了对现在正变得科学透明的，以及斯宾诺莎凭自然倾向直觉地意识到了生物调控的无知忽视；导致了无视社会情绪的黑暗面，比如部落主义、种族主义、暴政和宗教狂热。但这都是过去了。我们得到了预先的警告，有权开始新的生活。

我相信新的知识可能会改变人类的竞争环境。这就是为什么从各方面考虑，在许多悲伤和一些快乐中，我们可以有希望，斯宾诺莎虽然勇敢，却没有像我们普通人那样重视这种感情。他对"希望"的定义是："希望不是别的，而是一种不稳定的快乐，它来自某物的未来或过去的表象，在某种程度上我们对它的结果表示怀疑。" [17]

　　首先，我要感谢在这本手稿撰写的不同阶段阅读过它的同事和朋友，有的人还不止一次地阅读过，他们给了我许多宝贵的批评和建议。对他们的慷慨大度、感激之情无以言表。他们包括让－皮埃尔·尚热、戴维·胡贝尔、查尔斯·洛克兰、史蒂文·纳德勒、斯图尔特·汉普郡、帕特里夏·丘奇兰、保罗·丘奇兰、托马斯·梅津格、奥利弗·萨克斯、斯特凡·赫克、费尔南多·吉尔、戴维·鲁德拉夫、彼得·萨克斯、彼得·布鲁克、约翰·伯纳姆·施瓦茨和杰克·弗龙金。他们不应该为仍然存在的怪诞之处和错误而受到指责。

　　我在艾奥瓦大学和索尔克研究所的同事们也同样支持我，特别是安托万·贝查拉、拉尔夫·阿道夫、丹尼尔·特拉内尔。约瑟夫·帕维齐也阅读了手稿并提出了有益的建议。我一如既往地感谢美国国家神经疾病与中风研究所和马瑟斯基金会，没有他们的支持，我们就不可能为艾奥瓦大学神经科学系的科学家、学生和患者创造出认知神经科学部门独特的工作氛围。

　　我必须感谢所有在过去五年中帮助我完成项目所需的各种文献检索工作的人。玛丽亚·德索萨和何塞·奥尔塔，他们在葡萄牙图书馆发现了许多斯宾诺莎的旧手稿；玛格丽特·格兰－沃尔、玛丽亚·路易莎·里贝罗·费雷拉和迪奥戈·皮雷里奥，这三位斯宾诺莎的学者耐心地回答了我关于这位伟人的问题；玛丽安娜·阿纳诺斯波卢斯，她为我找到了一个关于禁欲主义者的关键参考；托马斯·凯西澄清了有关波音 777 的一些问题；还有亚瑟·邦菲尔德，他就托马斯·杰斐逊和约翰·洛克与我进行了非常有帮助的对话。我还要感谢西奥·范德维夫，他是荷兰斯宾诺莎协会的秘书，帮助我参观了斯宾诺莎的家。

我的助手尼尔·普登以卓越的专业精神和好脾气整理了手稿的各个部分；在贝蒂·雷德克的帮助下，他也敲出了大部分内容。贝蒂耐心地按照我的笔迹来写，在 20 年后也仍然令人惊叹。非常感谢他们的奉献，还要感谢肯·曼泽尔，他在图书馆的研究工作为此提供了快捷的帮助，卡罗尔·德沃尔也多次提供了帮助。

衷心感谢拉维·米尔查达尼的建议和支持，也感谢他在海尼曼的同事，特别是凯伦·吉宾斯的所有出色工作。

如果没有简·伊赛和迈克尔·卡莱尔这两位长期好友的热情和支持，以及汉娜·达马西奥的热情和支持，这本书就写不出来。汉娜·达马西奥是同事、最糟糕的评论家、最好的评论家，她每天都是灵感和理性的源泉。

安东尼奥·达马西奥以神经科学的功底、哲学的思辨、文学的手法撰写的《寻找斯宾诺莎》一书，主要探讨了情绪与感受的关系。

情绪在心理学诞生之初就成为被关注的领域，但情绪的界定、诱发与测量，都因与以实证为显著特点的实验科学相距甚远，对它的研究逐渐趋于平淡。21世纪以来，随着以功能性核磁（fMRI）、正电子放射断层扫描（PET）、事件相关电位（ERPs）、脑磁图（MEG）、近红外光学成像（fNIRS）等为代表的认知神经科学研究方法与技术的不断发展，情绪的研究再次迎来高光时刻。作为六种基本情绪的恐惧、愤怒、悲伤、厌恶、惊讶和快乐被进一步采用各种手段从不同侧面加以揭示，嫉妒、内疚、骄傲等社会性特征更加明显的复合性情绪也被端到台面。情绪研究的快速推进不可避免地触发了在哲学层面对情绪的重新思考，以便让情绪研究者看清情绪未来研究的方向《寻找斯宾诺莎》做的正是这样的思考。

很多时候，感受都是被作为情绪的一个成分加以对待的，正如达马西奥所言，大家都以为感受的问题早就被充分解答了。我本人从事情绪研究 20 多年，常常困惑于情绪的客观测量与主观感受之间的非线性波动，也并未过多关注两者之间的区别。即使达马西奥意识到了感受这一问题，也曾一度觉得感受是隐秘的，是"科学图景之外的又一片风光"，感受的研究"超出了科学的边界"。但当他在工作中接触了大量有情绪却无感受的神经疾病患者后，他认识到，情绪与感受是截然不同的两件事，至少从发生史上，他认为情绪先于感受。

作为一名神经科学家，达马西奥的过人之处体现在他并没有囿于科学研究的层面，而是进一步追寻理解感受背后的意义。他提出："阐明感受的神经生物学原则及其之前的情绪，有助于我们完善对身心问题的看法，这是理解'我们是谁'的核心问题。"这样一来，就把科学研究的问题上升到了哲学层面，尤其是关于身心关系的命题。斯宾诺莎的"心和身都是同一物质的平行属性""人的心灵就是人的身体的思想"等观点在很大程度上与达马西奥的思考产生了共鸣，正如他所言："从古到今，哲学都预言了科学。"这就不难理解达马西奥为何要到荷兰海牙帕乌金格拉赫特 72 号——斯宾诺莎生命的最后 7 年的居住地去"寻找斯宾诺莎"了。

一般认为，存在或生存是生命体的目的。正如斯宾诺莎在《伦理学》中所言："每个事物莫不尽其所能，以努力保持其存在……，每个事物为保持其存在而付出的努力，只不过是事物的实际本质……"斯宾诺莎将内驱力、动机、情绪、感受统称为情感，并将快乐和悲伤作为他试图理解人类以及提出以何种方式能让人们生活得更好的学说中的两个主要概念。情绪对于有机体的生存至关重要，因而在生命的早期就得到了发展，并成为基因的一部分，达尔文的《人类和动物情感的表达》一书率先加以注释，当今的情感认知神经科学则提供了持续的证据。而感受则延续并提升了这一目的，达马西奥认为："有机体能察觉到变化并采取相应行动，并以某种方式为自我保护和高效运转创造最有利条件。"

斯宾诺莎的哲学观点也为达马西奥将感受的研究运用于实践层面提供了重要的启示。斯宾诺莎认为："一个实体只有在它仅凭自己的本性而生活，仅凭它自己的决定而行动时，它才是自由的……个人也获得了最理想的快乐，这种快乐可能被认为是一种完全从身体中解放出来的纯粹的感受……"达马西奥认为感受产生于心身之中，是对人类痛苦与欢乐的表达，因此，"对感受及相关情绪的生物学解释，在很大程度上促进了我们研究出更加有效的治疗方案来应对人们的主要痛苦的根源，包括抑郁、疼痛、药物成瘾……。因为人类的成功或失败很大程度上取决于公众和负责管理公共生活的机构在原则和政策中如何吸纳这种对人类的修正观点。而若要制定出能够减轻人们负担、促进人类繁荣发展的原则与政策，从神经生物学的角度理解情绪和感受乃是关键。"从这个视角来说，感受的科学研究是实现人类幸福的重要途径。

参与《寻找斯宾诺莎》一书翻译的成员包括：第 1 章，走进感受，周士琛（澳大利亚墨尔本大学人文艺术学院本科生）；第 2 章，欲望与情绪，朱靖涵（南京大学心理系 2018 级本科生）；第 3 章，感受，刘润祺（南京大学心理系 2018 级本科生）；第 4 章，感受之后，韩奇桐（南京大学心理系 2019 级本科生）；第 5 章，身体、脑与心智，梁仕奕（南京大学心理系 2017 级本科生，芝加哥大学心理学研究生）；第 6 章，造访斯宾诺莎，刘沛兵（南京大学心理系 2021 级研究生）；第 7 章，谁在那儿，周仁来；附录 1、附录 2、注释，韩奇桐；由我对全书对进行了审校。谢谢参与翻译的各位同学！

在翻译与校对过程中，得到了湛庐编辑的大力支持，感谢他们为本书翻译和出版做出的努力！尽管每位参与翻译的人员都竭尽所能，但感受是一个非常主观的心理现象，即使达马西奥尽力将其纳入科学研究的程序，依然在主观与客观的实证之间留有难以言表的"盲区"，对他的观点的理解难免存在距离，这也是我在翻译和校对本书过程中的深刻"感受"。不当之处，请读者们给予批评和谅解。

周仁来

2021 年 12 月于南京大学和园寓所

斯宾诺莎时代和上下 200 年

1543 年　哥白尼（生于 1473 年）去世，他提出地球绕太阳旋转而不是太阳绕地球旋转。

1546 年　马丁·路德（生于 1483 年）去世，他于 1521 年被天主教逐出教会，建立了路德教。

1564 年　伽利略、威廉·莎士比亚和克里斯托弗·马洛出生。
　　　　让·加尔文去世，他于 1536 年创立了加尔文教（今天的长老教）。

1572 年　路易斯·德·卡蒙斯出版《葡国魂》。

1588 年　英国哲学家托马斯·霍布斯诞生，他对心灵有着明确的唯物主义观点，对斯宾诺莎有很大的影响。

1592 年　米歇尔·德·蒙塔涅去世（生于 1533 年），其论文于 1588 年发表，在当时具有重要的思想影响力。

1593 年　克里斯托弗·马洛死于一场事故。

1596 年　勒内·笛卡尔出生。

1600 年　乔尔丹诺·布鲁诺站在哥白尼一边，持有泛神论信仰，被烧死在火刑柱上。

1601 年　威廉·莎士比亚成熟的作品《哈姆雷特》上演。质疑的时代开始了。

1605 年　莎士比亚的《李尔王》上演。

弗朗西斯·培根的《学术的进步》，米格尔·德·塞万提斯的《堂吉诃德》出版。

1606 年　伦勃朗·凡·莱因出生。

1610 年　伽利略造了一架望远镜。他对恒星的研究使他采纳了哥白尼关于太阳和地球运动的观点。

1616 年　莎士比亚去世，享年 52 岁，死前仍在修改《哈姆雷特》。

塞万提斯于同一天去世，享年 69 岁。

1629 年　克里斯蒂安·惠更斯出生（卒于 1695 年），他是天文学家和物理学家、知识分子、通信员，有时是斯宾诺莎的邻居和采访者。

1632 年　约翰·洛克出生。

斯宾诺莎出生。

伦勃朗画了《杜普医生的解剖课》。

1633 年　伽利略被判有罪并被软禁。

笛卡尔再次考虑曾发表的基于人体解剖学和生理学的结果得出的关于人性的观点。

威廉·哈维描述了血液循环。

1638 年　路易十四出生，最终统治到 1715 年。

1640 年　乌列·达·科斯塔是一名葡萄牙犹太裔哲学家，以天主教徒的身份被养育成人，后来皈依犹太教，被阿姆斯特丹的葡萄牙犹太教会逐出教会，然后重新回到教会，但受到体罚。后来在完成自己的著作《人类的生命范例》后自杀。

1642 年　伽利略去世。

1643 年　艾萨克·牛顿出生（卒于 1727 年）。

1650 年　笛卡尔去世。

1652 年　斯宾诺莎的父亲米格尔·斯宾诺莎去世。

1656 年　斯宾诺莎被葡萄牙犹太教会驱逐出教会，并被禁止与任何犹太人接触，包括家庭成员和朋友。此后，他独自生活在荷兰的各个城市，直到 1670 年。

1670 年　斯宾诺莎迁至海牙。斯宾诺莎的拉丁文著作《神学政治论》匿名出版。

1677 年　斯宾诺莎去世。

斯宾诺莎的拉丁语《波斯修玛歌剧》几乎是匿名出版的，合集包括《伦理学》。

1678 年　斯宾诺莎的作品以荷兰语和法语出版。政府和教会当局在整个欧洲范围内禁止他的书籍。他的作品在当时是非法流通的。

1684 年　约翰·洛克被流放到荷兰，直至 1689 年。

1687 年　牛顿关于万有引力的论文发表。

1690 年　洛克在 58 岁时出版了《人类理解论》和《政府论》。

1704 年　洛克 72 岁时去世。

1743 年　托马斯·杰斐逊出生。

1748 年　孟德斯鸠出版《论法的精神》。

1764 年　伏尔泰的《哲学词典》在《老实人》五年后出版。

1772 年　在狄德罗和达朗贝尔的指导下，启蒙运动的核心著作《百科全书》出版。

1776 年　杰斐逊撰写了《独立宣言》。

1789 年　法国大革命。

1791 年　美国宪法第一修正案。

术语和脑图

· 术语 ·

动作电位：沿神经元轴突从细胞体向轴突远端的多个分支传导的全或无电脉冲。

轴突：神经元的典型单向输出神经纤维。一个轴突可以与许多其他神经元的树突接触（突触），从而广泛传播信号。

基底前脑：位于基底神经节前面和下面的一组小核。这些核参与调节行为的执行，包括情绪，并在学习和记忆中发挥作用。

脑干：位于间脑（丘脑和下丘脑的聚集体）和脊髓之间的一组小核和白质通路。脑干中的核团参与生命的调节，例如，代谢的调节、情绪的执行取决于许多这样的核。脑干上部和后部的核受到大面积损伤会导致意识丧失。脑干是信号从大脑到身体（携带与运动有关的信号）以及从身体到脑（携带信号，告知脑的身体映射）的通路。

中枢神经系统：由大脑半球、小脑、中脑（由丘脑和下丘脑组成）、脑干和脊髓构成。

大脑皮层： 覆盖脑部（左右大脑半球的组合）的无所不包的外层。皮层覆盖整个大脑表面，包括位于大脑深处，使大脑具有特征性的折叠外观，被称为沟和回的缝隙。大脑皮层彼此平行且与大脑表面平行排列。这些层由神经元构成，类似于蛋糕的层。大脑皮层中的神经元从其他神经元（在大脑皮层的其他区域或在脑中的其他地方）接收信号，并向许多其他区域（在大脑皮层的内部和外部或非大脑皮层）的其他神经元发出信号。大脑皮层具有进化上较古老的成分（例如，扣带回区域是一部分的所谓的边缘皮层）和进化上较新的成分（称为新皮层）。皮层的细胞结构随区域的不同而变化，可以很容易地通过布罗德曼图（Brodmann's map）的编号来识别（参见脑图2）。

小脑： 位于大脑后部的一种小型脑。和大脑一样，小脑也有左右两个半球，每个半球都被皮层覆盖。小脑参与运动的计划和执行，是精细运动必不可少的脑区。我们有充分的理由相信，小脑也参与认知过程。毫无疑问，它在情绪反应的执行和调整中也发挥了作用。

大脑： 对应的英文为"cerebrum"，实际上有时可视为脑（brain）的同义词。它由两大结构组成，即占据了颅腔大部分的大脑半球，每个大脑半球被大脑皮层完全覆盖。

胼胝体： 连接左右半球神经元的双向轴突的坚实的集合。

CT： computerized tomography 的缩写，即计算机断层扫描，并经常用于表示"X射线计算机断层扫描"。CT 是最早的现代脑成像技术（于 1973 年出现），尽管已被MR 和 PET 取代，但它仍然是对中风等疾病进行临床神经病学诊断的主要手段。

酶： 较大的蛋白质分子，通常可充当生物化学反应的催化剂。

灰质： 中枢神经系统颜色较暗的部分，称为"灰质"，而苍白的部分称为"白质"。灰质对应于神经元细胞体的紧密堆积集合，而白质主要对应于神经元轴突（即神经元细胞体通常为纤维单向输出）。灰质有两种主要的变种：层变种，见于大脑和小脑的皮层；核变种，其中神经元像碗里的葡萄一样，而不是分层的。

病变：对中枢神经系统或周围神经的限定区域的损害。它通常是由局部缺血（供血减少或中断）或机械损伤引起的。病变组织中正常的神经解剖结构被破坏。

MRI：磁共振成像的缩写，也简称 MR。MRI 是脑成像的基本方法之一，可以提供极其精细的脑结构图像以及 PET 所提供的类型的功能图像。当将其用于功能成像时，通常称为 fMR 或 fMRI。

神经元：神经细胞的基本种类。神经元的大小和形状多种多样，但通常由细胞体（神经元的一部分，使所谓的灰质具有较暗的色调）和称为轴突的输出纤维形成。通常，神经元的输入纤维是神经元细胞体产生的树突状突起。除细胞体、轴突和树突外，神经胶质细胞也组成了中枢神经系统的大部分。胶质细胞为神经元提供支撑功能并以多种方式支持其新陈代谢。神经胶质细胞是否还提供其他的信号传导功能目前还不是很清楚。

神经递质和神经调节剂：神经元释放的、会激发或抑制其他神经元的活性（如谷氨酸和 γ- 氨基丁酸）的分子，或调节神经元整个集合的活性（如多巴胺、血清素、去甲肾上腺素和乙酰碱）。

核：神经元的非分层聚集体（请参见灰质）。核可大可小。大核包括尾状核、壳状核和苍白核，它们共同形成基底神经节。小核仁的例子包括丘脑、下丘脑以及脑干。杏仁核是隐藏在颞叶内相当大的小核聚集体。

通路：对齐轴突的集合，在中枢神经系统内将信号从一个区域传递到另一个区域。它相当于周围神经系统中的神经，也称为"投影"。

导水管周围灰质：脑干上部的一组与情绪执行有关的集核。

外周神经系统：进出中枢神经系统的所有神经的总和。

PET 扫描： positron emission tomography 的缩写，代表正电子发射扫描成像。这是功能成像的主要技术之一，可以识别脑在执行特定任务时活动增加或减少的脑区。

投影： 参见通路。

体感： 与从身体任何部位到中枢神经系统的感觉信号有关。术语"内感知"（见图 3-5A）表示身体发出信号通知身体内部的部分。

黑质： 脑干小核之一，产生多巴胺并将其传送到位于其上方的脑结构。多巴胺对于正常运动至关重要，并且与奖赏有关。

突触： 一个神经元的轴突与另一个神经元连接的微观区域。例如，一个神经元的轴突与另一个神经元的树突相连的区域。本质上，突触连接是间隙而不是桥梁。该连接是通过沿轴突行进的电脉冲在轴突释放的神经递质建立的。释放的分子被突触后膜的神经元中的受体吸收，有助于该神经元的活化。

· 脑图 ·

　　脑图 1a 描绘了中枢神经系统的外部可见区域：大脑及其四个区域（枕叶、顶叶、颞叶、额叶）和扣带回皮层，小脑，脑干，还有脊髓。左图为右脑半球的外侧（外部）视图，右图为右脑半球的内侧（内部）视图，S = 感觉（Senory）；M = 运动（Motor）。

　　下面的脑图 1b 显示右半球相同的外侧和内侧视图，不过大脑皮层是根据科比尼安·布罗德曼的细胞结构区域进行划分：每个数字对应于大脑皮层的一部分，该区域可以通过其独特的细胞结构来识别。独特的架构是基于以下事实：神经元的类型及其分层随区域而异，并且每个区域从其他脑区接收并发送到脑其他部分的神经元"投影"也不同。每个区域的多样化体系结构和截然不同的输入和输出解释了为什么每个区域的运行如此不同并且对整体做出了独特的贡献。

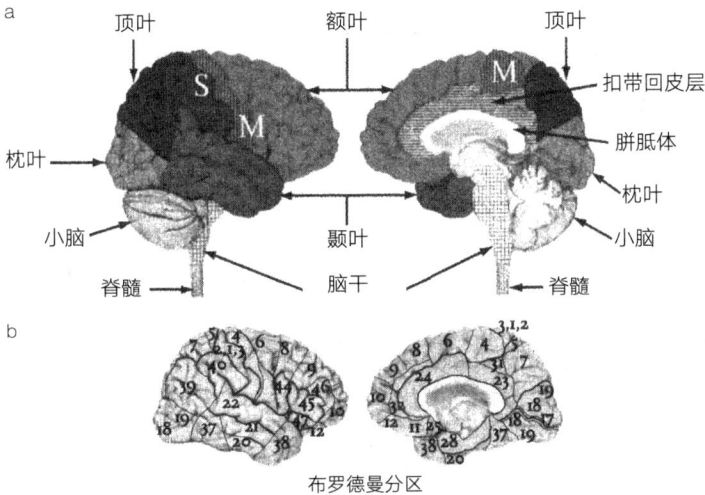

脑图 1　脑区的划分

　　脑图 2a 描绘了运动皮层和主要的（所谓的"早期"）感觉皮层，用于视觉、听觉和身体感觉（体感）。脑岛皮层也与身体感觉有关，其不可见是因为被外侧顶叶和额叶皮层所隐藏（见脑图 3）。脑图 2b 中的阴影区域覆盖了几个脑叶和扣带回区域的缔合皮层，也就是人们常说的"高阶区"和"整合区"。

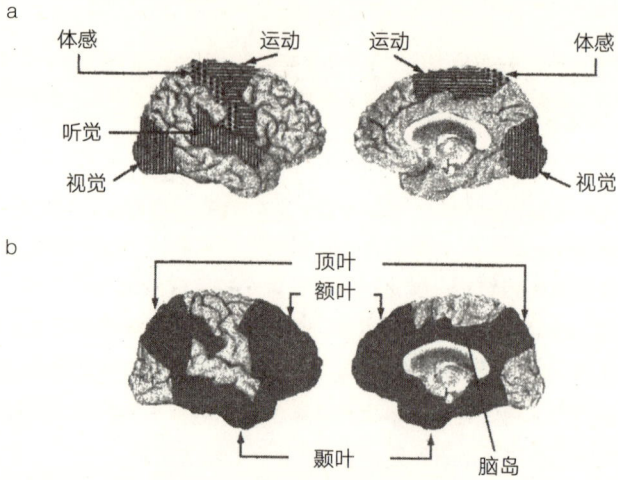

脑图 2 大脑皮层的不同功能

脑岛是体感皮层的重要组成部分。仅当上方的皮层（如脑图 3a 所示）缩回时才能看到（如脑图 3b 所示）。

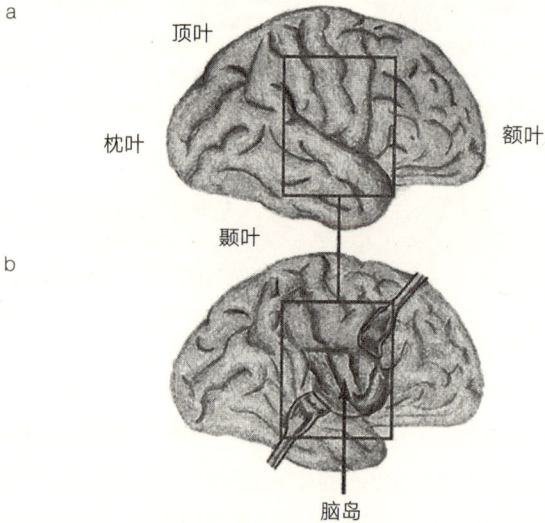

脑图 3 窥视脑岛

未来，属于终身学习者

我这辈子遇到的聪明人（来自各行各业的聪明人）没有不每天阅读的——没有，一个都没有。巴菲特读书之多，我读书之多，可能会让你感到吃惊。孩子们都笑话我。他们觉得我是一本长了两条腿的书。

——查理·芒格

互联网改变了信息连接的方式；指数型技术在迅速颠覆着现有的商业世界；人工智能已经开始抢占人类的工作岗位……

未来，到底需要什么样的人才？

改变命运唯一的策略是你要变成终身学习者。未来世界将不再需要单一的技能型人才，而是需要具备完善的知识结构、极强逻辑思考力和高感知力的复合型人才。优秀的人往往通过阅读建立足够强大的抽象思维能力，获得异于众人的思考和整合能力。未来，将属于终身学习者！而阅读必定和终身学习形影不离。

很多人读书，追求的是干货，寻求的是立刻行之有效的解决方案。其实这是一种留在舒适区的阅读方法。在这个充满不确定性的年代，答案不会简单地出现在书里，因为生活根本就没有标准确切的答案，你也不能期望过去的经验能解决未来的问题。

而真正的阅读，应该在书中与智者同行思考，借他们的视角看到世界的多元性，提出比答案更重要的好问题，在不确定的时代中领先起跑。

湛庐阅读App：与最聪明的人共同进化

有人常常把成本支出的焦点放在书价上，把读完一本书当作阅读的终结。其实不然。

时间是读者付出的最大阅读成本
怎么读是读者面临的最大阅读障碍
"读书破万卷"不仅仅在"万"，更重要的是在"破"！

现在，我们构建了全新的"湛庐阅读"App。它将成为你"破万卷"的新居所。在这里：

● 不用考虑读什么，你可以便捷找到纸书、电子书、有声书和各种声音产品；

● 你可以学会怎么读，你将发现集泛读、通读、精读于一体的阅读解决方案；

● 你会与作者、译者、专家、推荐人和阅读教练相遇，他们是优质思想的发源地；

● 你会与优秀的读者和终身学习者为伍，他们对阅读和学习有着持久的热情和源源不绝的内驱力。

下载湛庐阅读 App，
坚持亲自阅读，
有声书、电子书、阅读服务，
一站获得。

CHEERS

本书阅读资料包
给你便捷、高效、全面的阅读体验

本书中文简体字版经作者授权在中华人民共和国境内独家出版发行。未经出版者书面许可，不得以任何方式抄袭、复制或节录本书中的任何部分。

著作权合同登记号：图字：01-2022-1065 号

版权所有，侵权必究
本书法律顾问　北京市盈科律师事务所　崔爽律师

图书在版编目（CIP）数据

寻找斯宾诺莎 /（葡）安东尼奥·达马西奥
（Antonio Damasio）著；周仁来等译 . -- 北京：中国
纺织出版社有限公司，2022.3
书名原文：Looking for Spinoza
ISBN 978-7-5180-9374-8

Ⅰ. ①寻…　Ⅱ. ①安…　②周…　Ⅲ. ①情绪—心理学
Ⅳ. ①B842.6

中国版本图书馆CIP数据核字（2022）第034239号

责任编辑：刘桐妍　　责任校对：高　涵　　责任印制：储志伟

中国纺织出版社有限公司出版发行
地址：北京市朝阳区百子湾东里 A407 号楼　邮政编码：100124
销售电话：010—67004422　传真：010—87155801
http://www.c-textilep.com
中国纺织出版社天猫旗舰店
官方微博 http://weibo.com/2119887771
天津中印联印务有限公司印刷　各地新华书店经销
2022年3月第1版第1次印刷
开本：710×965　1/16　印张：17.5
字数：250千字　定价：89.90元

凡购本书，如有缺页、倒页、脱页，由本社图书营销中心调换